装配式劲性柱混合梁框架结构与理论

焦安亮　李正良　著

中国建筑工业出版社

图书在版编目（CIP）数据

装配式劲性柱混合梁框架结构与理论/焦安亮，李正
良著．—北京：中国建筑工业出版社，2020.6
ISBN 978-7-112-25025-7

Ⅰ.①装… Ⅱ.①焦… ②李… Ⅲ.①装配式构件-
混合梁-框架结构 Ⅳ.①TU323.5

中国版本图书馆 CIP 数据核字（2020）第 061266 号

　　《装配式劲性柱混合梁框架结构及理论》是用于指导装配式结构体系研究、设计的专业用书。本书的核心和基础是中国建筑第七工程局有限公司自主研发的新型装配式结构——装配式劲性柱混合梁框架结构，全书围绕此结构开展体系研发、性能研究、理论计算和结构设计，形成了一套完整的结构体系。

　　本书开篇介绍了装配式结构、装配式结构框架节点及框架-支撑结构体系的分类和研究现状等，分析总结了目前装配式结构、节点的优缺点，确定了装配式结构体系的研发方向和本书的编制内容。

　　首先介绍了装配式劲性柱混合梁框架结构的框架、构件及节点的形式和连接方法，该结构是以劲性柱、混合梁、叠合楼板及支撑等通过可靠连接装配而成的框架结构，劲性柱和支撑组成了双重抗侧力系统，针对此类双重抗侧力系统开展了研究，进而介绍了该类结构的承力系统及工作原理。

　　其次，以装配式劲性柱混合梁框架结构整体性能分析为主轴，开展了梁柱节点的拟静力试验，混合梁的抗弯、抗剪试验，模型框架的拟静力及振动台试验，介绍了梁柱节点、混合梁、框架的破坏模式及受力机制，并通过有限元模拟对试验结果展开了验证和进一步的分析。

　　再次，针对试验及有限元分析的结果，建立了劲性柱-混合梁节点的抗剪承载力、梁柱连接处混合梁端的抗弯承载力、混合梁抗弯承载力及抗剪承载力计算公式，确定了合理刚度特征值的取值范围。

　　接着，基于装配式劲性柱混合梁框架结构的性能，给出了结构设计方法及构造要求等，为工程实践提供设计依据。

　　最后，根据本书存在的不足和问题，提出了下一步的研究方向和发展愿景。

　　本书的出版和发行，将会在一定程度上促进我国装配式体系的研发、推广及应用，并为我国建筑工业化的发展添砖添瓦。

责任编辑：张磊　杨杰
责任校对：焦乐

装配式劲性柱混合梁框架结构与理论
焦安亮　李正良　著

*

中国建筑工业出版社出版、发行（北京海淀三里河路 9 号）
各地新华书店、建筑书店经销
北京鸿文瀚海文化传媒有限公司制版
北京建筑工业印刷厂印刷

*

开本：787×1092 毫米　1/16　印张：11¼　字数：278 千字
2020 年 9 月第一版　2020 年 9 月第一次印刷
定价：**78.00** 元
ISBN 978-7-112-25025-7
（35790）

本书编委会

主　任：焦安亮

副主任：李正良

委　员：黄延铮　刘红军　冯大阔　徐姝亚　张中善

张　鹏　鲁万卿　张建新　史少博　焦振宏

郑培君　郐玉芬　李佳男　陈　璐　程晟钊

陈　静　石啸威　刘会超　闫亚召　曾凤娟

序

  建筑业发展面临着城市化进程加快、能源资源供给不足、环境保护形势严峻、建筑品质难以保证、劳动力成本上升等问题，亟待大力推进绿色化发展。发展装配式建筑是建造方式的重大变革，有利于节约资源能源、减少施工过程造成的环境污染、提高工程质量和劳动生产率，有利于促进建筑业与信息化、工业化、智能化深度融合和培育新产业新动能。由此可见，大力推广装配式建筑是实现建筑业转型升级和绿色发展的重要途径。中国建筑第七工程局有限公司焦安亮率领技术研发团队，适应行业发展的需求，提出了装配式劲性柱混合梁框架结构体系，并对这种新体系进行了系统的研究，所取得的创新性成果对促进行业的科技进步具有重要意义。

  作者在广泛阅读文献和调查研究的基础上，确定了研究内容和技术路线，对这种新型结构体系的节点、构件和框架性能进行了试验研究、有限元分析或理论分析，提出了相应的计算理论和设计方法。其研究工作系统深入，数据严谨可信，为制定相关技术标准和从事设计、施工的工程技术人员提供了可靠依据。

  全书内容丰富，逻辑清晰，反映了装配式建筑结构体系发展的又一最新成果。相信本书的出版，将对装配式建筑技术的创新、应用和发展起到重要作用。

周绪红

中国工程院院士　2020 年 4 月 22 日

前　　言

装配式建筑是我国目前建筑的发展方向，国家制定和实施了一系列政策，促进我国装配式建筑的发展。2016 年 2 月 6 日，国务院印发的《关于进一步加强城市规划建设管理工作的若干意见》中明确指出，力争用 10 年左右时间，使装配式建筑占新建建筑的比例达到 30%。2016 年 9 月 30 日，国务院办公厅印发《关于大力发展装配式建筑的指导意见》，该文件是继《关于进一步加强城市规划建设管理工作的若干意见》之后，中央首次出台专门针对装配式建筑的纲领性政策文件。2017 年 3 月 23 日，住房和城乡建设部一次性印发《"十三五"装配式建筑行动方案》《装配式建筑示范城市管理办法》《装配式建筑产业基地管理办法》三大文件，进一步明确了装配式建筑的发展指标。

为了响应国家政策，推进我国装配式建筑的发展，培养装配式建筑设计、施工和管理人才，中国建筑第七工程局有限公司在调研、参考大量国内外资料的基础上，结合一些重大工程实践，研发了一种新型装配式建筑结构——装配式劲性柱混合梁框架结构，并针对此结果进行了大量的研究，在研究过程中，得到了重庆大学李正良教授及其研究团队的理论指导以及周绪红院士、肖绪文院士和聂建国院士等专家学者的大力支持，获得了丰富的科研成果，将这些成果汇编在本书中，《装配式劲性柱混合梁框架结构及理论》是用于指导装配式结构体系研究、设计的专业用书。

全书共分为 9 章，主要包括绪论、装配式劲性柱混合梁框架结构体系、劲性柱混合梁节点性能、混合梁性能、劲性柱混合梁框架拟静力分析、劲性柱混合梁框架振动台试验、装配式劲性柱混合梁框架结构计算理论、装配式劲性柱混合梁框架结构设计、总结与展望。

在本书成文之际，对中国建筑第七工程局有限公司的专业技术人员以及给予指导和帮助的专家学者，在此深表感谢。

限于作者的学术水平及工程实践方面的能力，书中难免会存在错误或不足之处，敬请同行专家和广大读者给予批评指正。

2020 年 4 月

目　　录

第1章 绪 论

1.1 装配式结构发展

装配式结构建筑因其具有较好的经济、质量、环境和社会效益，是现代建筑最重要的结构形式之一，装配式建筑的发展与应用有利于实现"绿色建筑"和"建筑工业化"。

1.1.1 装配式框架结构发展与应用

装配式技术起源于19世纪的欧洲，1875年首项预制钢筋混凝土框架（PCa）专利在英国提出，而后逐步推广到美国、加拿大及日本等国。第二次世界大战以后，由于劳动力资源短缺，PCa装配式结构才真正得以运用和发展。20世纪60至70年代，以法、英为代表的西方各国普遍采取工业化生产的方式（主要是PCa装配式）建造房屋，并形成了一批完整的PCa装配式体系。PCa的使用方法也在20世纪80年代发生了变化，有别于之前适用于标准设计的大型板式工法，出现了多元化的尝试，逐渐形成了扎根于各个地域的技术特色。在此基础上，各国都积累了许多设计施工经验，形成了各种专用预制装配建筑体系和标准化的通用预制产品系列，并编制了一系列预制混凝土工程标准和应用手册，对推动预制混凝土在全世界的应用起到了非常重要的作用。根据资料统计，发达国家预制混凝土结构在土木工程中的应用比例非常高，美国为35%，欧洲为35%～40%，俄罗斯为50%。近几年，寒冷地区的北欧国家瑞典和丹麦的PCa率已达到70%～80%。日本和韩国也借鉴了欧美的成功经验，在预制结构体系整体性抗震设计方面取得了突破性进展，例如日本2008年采用预制装配框架结构建成的两栋58层的东京塔。

早在20世纪50年代，我国就引进了苏联工业化思想，建设以"大板房"为主的工业化建筑。1976年唐山大地震之后，使得"大板房"为主的PCa装配式技术逐渐退出历史舞台。1980年后，受当时标准化、工厂化生产的要求，我国的房屋结构主要以砖混为主，在此基础上构件的预制化也发展很快，主要有预制梁柱、预制楼板、预制叠合楼板及预制混凝土墙板等，在80年代中期达到鼎盛时期，应用普及率在70%以上。此时我国的建筑机械行业得到了巨大的发展，通过引进、消化、吸收和国产化，迅速缩小了与国外先进水平的差距，并于1993年出版了《整体预应力装配式板柱建筑技术规程》CECS 52.93。但当时的装配式技术在建筑高度、建筑型式、功能要求等方面有很大的局限，又受到当时的经济条件制约，机具设备和运输工具落后，无法满足相应的工艺要求。90年代后，现浇混凝土技术突飞猛进，预制梁、柱、墙板的装配式结构逐步被取代。但随着2007年我国住宅产业化的推进，《关于加快推动我国绿色建筑发展的实施意见》（财建〔2012〕167号）、《2011—2015年建筑业、勘察设计咨询业技术发展纲要》等国家政策文件的颁布实施，学术界和工程界再次将目光聚焦到以PCa装配式技术为主的工业化生产方式。

万科集团较早开始了工业化住宅建造技术的探索和试点，先后向香港及日本学习，目前主要形成了两大技术：①PC（precast concrete）技术，主要用于全预制混凝土构件，如阳台、楼梯、空调板等；②PCF（precast concrete form）技术，即预制混凝土模板技术，主要用于预制混凝土剪力墙外墙模以及叠合楼板的预制板等。

中南集团借鉴澳洲经验，形成了具有我国自身特色的NPC（new precast concrete）技术体系：竖向构件全预制，水平构件采用叠合形式，竖向通过预留插筋浆锚连接、水平向通过设置现浇连接带连接，再通过钢筋浆锚接头、现浇连接带、叠合现浇等形式将竖向构件和水平构件连接形成整体结构。

安徽西伟德公司引进德国技术，形成了叠合板装配式混凝土剪力墙结构。叠合式楼板由底层预制板和格构钢筋组成，预制板可作为后浇混凝土的模板，格构钢筋可作为板的受力钢筋以及吊点，现场安装就位浇筑混凝土即可。

1.1.2 装配式框架结构分类

根据施工过程中使用的材料，装配式建筑可以分为三种结构，即装配式混凝土结构、钢结构和木结构。

（1）装配式混凝土结构

装配式混凝土结构指的是组成建筑产品的钢筋混凝土构件在工厂里进行预制生产，经过吊装运输到施工现场，经装配、连接、部分现浇拼装成整体的混凝土结构。

按照预制构件的装配化程度高低可以分为全装配混凝土结构和部分装配混凝土结构两类。

1）全装配混凝土结构

全装配混凝土结构是指所有结构构件均由工厂内生产，运至现场进行装配。全装配混凝土结构一般用在低层或抗震设防要求较低的多层建筑。

2）部分装配混凝土结构

部分装配混凝土结构是指部分结构构件由工厂内生产，如：预制墙、预制内隔墙、半预制露台、半预制楼板、半预制梁、预制楼梯等运至现场后，与主要竖向承重构件（预制或现浇梁柱、剪力墙等）通过叠合层现浇楼板浇筑成整体的结构。

按照承重方式不同，装配式混凝土结构可以分为：框架结构、剪力墙结构以及框架—剪力墙结构三大类。

1）装配式混凝土框架结构

装配式混凝土框架结构是指采用预制柱或现浇柱与各种叠合式受弯构件组合，通过节点区的现浇混凝土连接而成的框架结构。装配式混凝土框架结构的主要预制构件有：预制柱、预制梁、叠合楼板预制部分、预制外挂墙板等。

2）装配式混凝土剪力墙结构

装配式混凝土剪力墙结构是指全部或部分剪力墙采用预制墙板构建而成的装配式混凝土结构。装配式混凝土剪力墙结构的主要预制构件有：预制剪力墙、预制梁、预制内墙等。

3）装配式混凝土框架—剪力墙结构

装配式混凝土框架—剪力墙结构应明确剪力墙以现浇为主，框架部分的梁、板、柱可采用预制，采用叠合楼板或现浇楼板加强预制构件与现浇结构的连接，实现可等同现浇结构的设计原则。

（2）装配式钢结构

钢结构是指标准化设计、工业化生产、装配化施工、一体化装修、信息化管理、智能化应用、支持标准化部件的钢结构建筑。目前应用较多的钢结构有：钢框架结构、钢框架剪力墙结构、钢框架支撑结构、钢框架核心筒结构、轻钢龙骨结构。

1）钢框架结构

钢框架结构的主要受力构件是框架梁和框架柱，它们共同作用抵抗竖向和水平荷载。框架梁有 I 形、H 形和箱形梁等种类，框架柱有 I 形、空心圆钢管或方钢管柱、方钢管混凝土柱等种类。该结构在建筑体系中技术最成熟，使用最多，一般应用于 6 层及以下的低层、多层建筑和抗震设防烈度相对较低的地区，国外 3 层以下住宅也多采用此形式。

2）钢框架剪力墙结构

钢框架剪力墙结构是以框架为基础，为增强结构的侧向刚度，防止侧向位移过大，沿其柱网的两个方向布置一定数量剪力墙的结构。在钢框架剪力墙结构中，钢框架承担全部的竖向荷载，而钢框架和剪力墙协同承担由水平荷载引起的水平剪力。由于剪力墙的抗侧刚度较强，因而在多高层建筑中采用此种结构具有很大优势。

3）钢框架支撑结构

钢框架支撑结构是在框架结构的部分框架柱之间设置横向型钢支撑，形成支撑框架的结构，其中的钢框架主要承受竖向荷载，钢支撑则承担水平荷载，形成双重抗侧力的结构体系，多适用于高层钢结构建筑。钢支撑可采用角钢、槽钢和圆钢等，主要用途是增加结构的抗侧刚度。支撑体系包括人字、十字交叉等中心支撑形式和门架式、单斜杆式、V 形和倒 Y 形等偏心支撑形式；支撑结构一般布置在外墙、分户墙、楼梯间和卫生间的墙上，可根据需要在一跨布置或多跨布置。

4）钢框架核心筒结构

钢框架核心筒结构是以钢框架为基础，近中心部位通过现浇混凝土墙体或密排框架柱围成封闭核心筒的结构。该结构中框架和筒体为铰接，钢框架承担全部竖向荷载，核心筒则承担全部水平荷载，筒体结构一般布置在卫生间或楼电梯间位置。由于综合受力性能好，钢框架核心筒结构目前在我国应用极为广泛，特别适合于地基土质较差地区和地震区，新建的高层和超高层建筑一般均采用钢框架核心筒体系。

5）轻钢龙骨结构

轻钢龙骨结构由北美传统木结构房屋衍变而来，一般应用于低层钢结构住宅和别墅。轻钢龙骨的截面形状主要分为 C 形槽钢和 C 形立龙骨两类，宽度根据结构部位不同、荷载不同或者构件需要不同而变，一般为 60～360mm 不等。轻钢龙骨结构的外墙和楼板，均采用经过防腐处理的高强冷弯或冷轧镀锌钢板制作。

（3）装配式木结构

装配式木结构是采用工厂预制的木结构组件和部品，以现场装配为主要手段建造而成的结构。木结构可分为轻型木结构、胶合木结构、原木结构，以及木结构与其他结构的组合结构。

1）轻型木结构

轻型木结构是由规格材、木基结构板材或石膏板制作的木构架墙体、楼板和屋盖系统构成的单层或多层建筑结构。墙体使用墙骨柱作为支撑结构，将间距紧密的规格材部件和覆盖层联合使用，以形成一幢建筑物的结构基础。轻型木结构可建造居住、小型旅游和商业建筑等，可适用于 3 层或 3 层以下的民用建筑。

2）胶合木结构

胶合木结构采用胶粘方法将木料或木料与胶合板拼接成尺寸与形状符合要求而又具有整体木材效能的构件和结构，用木板或小方木重叠胶合成矩形、工字形或其他截面形式的构件及由其组成的结构。层板胶合不仅可以小材大用、短材长用，还可将不同等级（或树种）的木料配置在不同的受力部位，做到量材适用，提高木材利用率。胶合木结构适用于单层工业建筑和多种使用功能的大中型公共建筑，如大空间、大跨度的体育场馆。

3）原木结构

原木结构采用规格及形状统一的方木、圆形木或胶合木构件叠合制作，是集承重体系与围护结构于一体的木结构，其肩上的企口上下叠合，端部的槽口交叉嵌合形成内外围护墙体。木构件之间加设麻布毡垫及特制橡胶胶条，以加强外围护结构的防水、防风及保温隔热。原木结构建筑具有优良的气密、水密、保温、保湿、隔声、阻燃等各项绝缘性能，原木结构建筑自身具有可呼吸性，能调节室内湿度。原木结构可适用于住宅、医院、疗养院、养老院、托儿所、幼儿园、体育建筑等。

4）木组合结构

木组合结构建筑指由木结构或其构、部件和其他材料（如钢、钢筋混凝土或砌体等不燃结构）组成共同受力的结构。上部的木结构与下部的钢筋混凝土结构通过预埋在混凝土中的螺栓和抗拔连接件连接，实现木结构中的水平剪力和木结构剪力墙边界构件中拔力的传递。

1.2 装配式框架结构节点

1.2.1 装配式框架结构节点分类

按构件连接的设计原则和受力特点的不同，预制装配式框架节点的连接方式可分为铰接连接、刚性连接和柔性连接三种，三者的划分依据是梁柱间的夹角是否出现转动，主要体现在弯矩-转角曲线上（图 1-1）。

（1）刚性连接

刚性连接既可以传递轴力、剪力，又可以传递梁端弯矩。节点区的设计刚度比预制梁端塑性铰区大，连接部位抗弯能力强，使得在地震作用下，弹塑性变形一般出现在结构构件上（即预先设定的塑

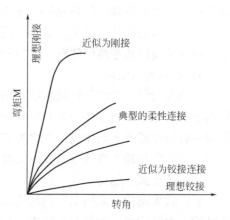

图 1-1 梁柱连接的弯矩-转角曲线

性铰处）。梁柱节点的刚性连接使得预制装配结构的整体性能与现浇结构等同，也被称为"等现浇连接"，一直是过去最主要的连接形式。目前梁柱节点的湿连接就是刚性连接的一种方式，即节点区主筋及构造钢筋全部连接，再后浇混凝土及灌浆材料将构件连为整体。常见的连接形式有加强环式节点（图 1-2）、锚定式刚接节点（图 1-3）等。

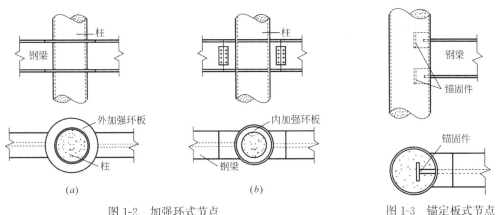

图 1-2　加强环式节点

（a）外加强环式节点；（b）内加强环式节点

图 1-3　锚定板式节点

刚性连接的构造较复杂，很难保证施工质量，施工速度较慢、耗时长，大大削弱了装配式结构的优点，使其优越性难以充分发挥。另外从历次的大震震害来看，梁柱刚性连接的预制装配混凝土框架结构也遭受了较大破坏。

（2）铰接连接

节点铰接连接时，梁上的荷载只能以轴力和剪力的形式传递到框架柱上，不能直接传递弯矩。梁柱节点的干连接方式一般属于铰接连接，典型的铰接连接如图 1-4 所示的暗牛腿连接。铰接连接节点的结构简单、受力可靠、传力明确，施工安装方便，但由于暗牛腿高度有限，其抗剪承载力较差，不利于结构静力和动力性能的设计。该类连接形式在低烈度地震区应用较多，如我国香港和新加坡等。

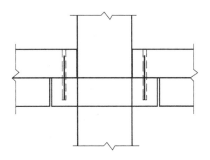

图 1-4　暗牛腿连接节点

铰接连接结构因其整体刚度较小、约束较少，所以其自振周期较大，层间位移将随之显著增大，可能不满足框架弹性层间位移角限值要求。

（3）柔性连接

由于铰接连接和刚性连接都存在缺点和不足，柔性连接便应运而生。柔性连接的节点刚度介于铰接和刚接之间，其连接部位抗弯能力比预制构件低，地震作用下连接部位发生较大弹塑性变形，梁柱构件本身不会发生破坏而只发生弹性变形，结构恢复性能好。因此柔性接头可设计成在强震之后能方便维修替换的，这比维修框架构件方便多，从而确保规范要求的"中震可修"的可行性。美国国家科学基金资助开展的"预制抗震结构体系"研究项目（PRESSS）也表明，柔性连接结构具有良好的抗震性能，也符合"基于性能"的主流抗震设计思想。典型的柔性连接节点有香港屋宇署规范推荐的梁柱节点和带橡胶垫的螺栓连接节点（图 1-5）。

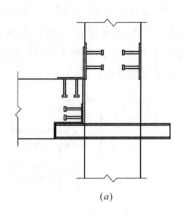
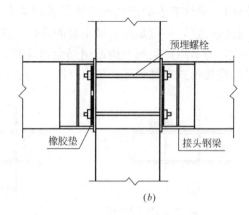

(a) (b)

图 1-5 柔性连接节点

(a) 香港 CPPCC2003 梁柱连接节点; (b) 带橡胶垫的螺栓连接节点

柔性连接一般采用干连接形式, 也有少量现场湿作业, 既施工方便, 又能保证质量; 柔性连接还具有一定的节点转动刚度, 既能满足弹性层间位移角限值要求, 又能有效减小结构总底部剪力和层间剪力, 提高结构性能和材料效率。

1.2.2 装配式框架结构节点研究现状

(1) 国外研究现状

近三十年来, 欧美发达国家及日本掀起了一股对装配式节点的研究热潮, 各国研究机构相互交流合作, 进行了大量的试验研究和理论分析, 取得了显著的成果。

1987 年, 美国启动了一项关于研究具有经济性高、施工简便和抗震性能好的新型预制混凝土梁柱节点的计划, 并提出了一种预制混合型抗弯框架结构体系。其梁柱节点采用高强度的后张预应力钢筋和普通钢筋进行连接, 预应力筋沿梁纵向中轴线穿过柱进而连接两侧的梁, 预应力筋部分粘结, 普通钢筋则是通过在梁上下纵筋位置预留的孔道穿过柱子并现场灌浆, 当柱子在地震中产生侧移时, 在梁上下的普通钢筋就可以伸长以吸收大部分的地震能量, 而预应力筋则可将柱子和梁拉回到原来的直线位置, 预应力筋和普通钢筋的明确分工使这种节点具有很好的抗震耗能能力。

1990 年, 美国和日本合作开展了一项预制混凝土结构抗震研究项目 PRESSS, 主要研究开发可应用于地震区的多层预制混凝土结构体系, 简化可用于制定规范的计算模型, 为预制混凝土结构在不同地震设防区的应用提供全面合理的设计建议。其中, 研究的第二阶段是节点的试验和分析, 已取得了丰硕的研究成果: 明尼苏达大学研究了非线性弹性连接节点, 用无粘结预应力筋拼接柱两侧的梁, 结果表明该节点在层间变形 2% 以内时预应力筋保持弹性, 在节点大变形时强度损失很小, 残余变形也很小; 还研究了梁内纵筋穿过柱内预埋波纹管并灌浆的拉压屈服连接节点, 证明该节点变形较大, 强度和刚度衰减明显, 但耗能能力较好。德克萨斯大学研究了非线性弹性连接节点, 该节点为梁连续并沿梁长施加无粘结预应力, 柱在梁上下面拼接, 该节点在层间变形 2% 以内的残余变形小、耗能少、残余刚度大; 还研究了柱连续的库仑摩擦连接节点, 该节点梁底面与柱铰接, 梁顶面通过特制的摩擦片与柱连接, 节点变形时摩擦片可以滑动以耗散能量, 耗能能力很强。

近年来，国外学者通过大量的试验和研究证明了装配式节点具有与现浇节点相当的承载能力和抗震性能。Loo. Y. C. 和 Yao. B. Z. 曾经对 PCI 手册中的有粘结预应力和无黏结预应力两类节点的强度和延性进行了静力加载和单调往复加载试验研究，结果表明：与现浇节点相比较，这两种装配式节点的抗弯强度都高于现浇节点，其延性和耗能能力也比现浇节点好。Jmaes F 等研究了螺栓连接的预制装配式节点的动力性能。Haluk Sucuoglu 对预制装配式混凝土结构和相应的现浇混凝土结构的地震反应做了计算，表明预制结构与现浇结构的地震反应差异是很小的，并且通过试验再次肯定，强柱弱梁的设计思路有利于减少这种差异。2003 年，Khaloo A R 和 Parastesh H 研究了预制装配式混凝土梁柱连接节点在低周反复荷载作用下的受力性能，证明节点具有良好的延性性能。对用梁的钢板进行焊接的预制混凝土干式连接节点，Ersoy U 和 Tnakut T 进行了在低周往复荷载作用下试验研究，结果证明该干式连接方法的承载力、刚度和耗能性能与整体现浇的构件相当。2006 年，Onur Ertas 等人对节点区现浇的预制混凝土节点进行了试验研究，得出其强度和耗能指标均能满足要求的结论。

（2）国内装配式节点研究现状

中国建筑科学研究院、四川省建筑科学研究院、中建一局、清华大学等单位很早就对装配式结构进行了试验研究，均指出其抗震性能不低于整体现浇混凝土结构。近年来，对该体系和节点的研究又有新进展。

1996 年，林宗凡等为研究装配式抗震框架的节点延性行为，按拉—压屈服、摩擦位移及非线弹性反应等三种机理设计了试验构件，试验结果都达到了设计要求的位移水平，证实了延性节点设计思想是可行的。他们还通过试验证明：摩擦滑移机理试件中牛腿-梁互嵌式接头为直接传力构造，不易发生性能蜕化；非线性弹性反应机理试件直到层间位移角为 3%时还表现出非弹性行为，残余位移很小，但耗能能力较低；提供间接传力途径的节点连接构造会促使试件的过早破坏。

2004 年，赵斌、吕西林等对现浇和预制高强混凝土后浇整体式梁柱组合件、预制高强钢纤维混凝土后浇整体式梁柱组合件、预制高强混凝土结构全装配式梁柱组合件在低周反复荷载作用下的抗震性能进行了系统研究，结果表明：高强预制混凝土结构后浇整体式梁柱组合件与现浇高强混凝土结构梁柱组合件具有相同的抗震能力，全装配式预制混凝土梁柱组合件的抗震性能与现浇高强混凝土梁柱组合件和预制混凝土结构后浇整体式梁柱组合件存在明显的差异；高强钢纤维混凝土浇筑的预制装配式混凝土结构后浇节点，可以减小节点区域箍筋用量，改善节点承载性能。他们后来还研究了全预制混凝土结构梁柱组合件，提出应该采取必要措施增加全装配式节点的耗能能力。

南京大地集团公司于 2006 年从法国引进了一种预制预应力混凝土装配整体式框架结构体系——世构体系，它的节点由键槽、U 形钢筋和现浇混凝土三部分组成，其中的 U 形钢筋主要起到连接节点两端，并且改变了传统的将梁的纵向钢筋在节点区锚固的方式，改为与预制梁端的预应力钢筋在键槽即梁端的塑性铰区实现搭接连接，如图 1-6 所示。

2006 年，董挺峰和李振宝等对无粘结预应力装配式混

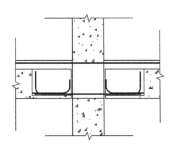

图 1-6　带 U 形钢筋的节点

凝土框架节点进行了试验研究，发现该类节点抗震性能良好，在延性和变形恢复能力上优于现浇框架节点。为适应高烈度区抗震设防要求，他们还在上述全预应力节点中加入非预应力连接钢筋来增强结构耗能能力，形成预应力和非预应力混合配筋的连接节点，通过对5个混合连接装配式节点试件在低周反复荷载下的加载试验，得出以下结论：混合连接装配式混凝土框架节点的耗能能力与整体现浇混凝土节点相当，而其综合抗震性能优于整体现浇混凝土节点。

2007年同济大学薛伟辰、杨新磊等对四个不同位置的现浇柱叠合梁框架节点进行了低周反复荷载下的足尺模型试验，结果表明这四种典型框架节点均满足强柱弱梁、强节点弱构件的抗震设计要求。

与此同时，吕西林等对梁柱节点采用螺栓连接、焊接连接的装配式预制混凝土框架结构进行了拟动力试验研究，考察了结构的破坏模式和抗震性能。试验结果表明：梁柱节点采用螺栓连接的装配式预制混凝土框架结构均具有较好的抗震性能、抗倒塌能力和耗能潜力，采用橡胶垫螺栓连接的梁柱节点在试验中工作状态良好，而采用焊接连接的板梁节点在试验中破坏严重。

2008年，东南大学的罗青儿等设计了梁柱间采用齿槽接头、梁的主筋采用滚轧直螺纹接头的装配整体式梁柱节点，通过试验表明齿槽连接节点与现浇框架节点的受力性能基本相似，节点核心区没有出现裂缝，能保证框架的承载力。在此基础上，他们随后对以往的装配整体式钢筋混凝土框架柱的榫式接头进行了改进，把钢筋混凝土榫头改用钢管混凝土榫头，柱纵筋的焊接或冷挤压套筒连接改用滚轧直螺纹套筒连接。通过低周反复水平加载试验证明这种榫式柱的受力可靠、施工方便，可用于实际工程中。

2010年，闫维明等对装配式预制混凝土梁-柱-叠合板边节点进行了试验研究，结果表明此类装配式混凝土框架边节点与整体现浇节点具有相当的抗震性能。并建议采取增加梁底钢筋在节点后浇处的锚固长度或者其他措施，减小拼缝处的开裂宽度，从而保证剪力键的抗剪能力，进而保证结构的整体性能。

2011年，陈适才等对高轴压预制梁-柱-叠合板装配边节点试件进行了试验研究，并与整体现浇试件进行了对比，还基于OPENSEES建立了考虑梁底锚固钢筋滑移的装配节点数值模型。研究结果表明：此类装配式混凝土边节点的承载力、耗能性能及延性与整体现浇混凝土节点相当，柱轴压水平对节点承载力影响较小而柱截面尺寸对节点承载力影响较大。

2014年，韩建强、王清等通过对现浇钢筋混凝土框架结构、附加角钢和附加阻尼器的预应力装配式框架结构梁柱节点进行低周反复荷载作用下的试验，验证了附加角钢和附加阻尼器的装配式框架结构具有良好的抗震性能。

华南理工大学建筑工程系的梁启智教授提出了一种新型的装配式钢管混凝土梁柱节点（图1-7），该节点的环板、法兰环与管壁、腹板的焊接均在工厂完成，环板与法兰环的对应位置预留有螺栓孔，

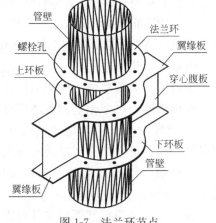

图1-7 法兰环节点

现场施工时直接用高强度螺栓连接。钢筋混凝土梁的纵筋则焊接在环板的翼缘板部分。为了节省材料，环板及法兰环均可由四个部分通过对接焊缝连接（图 1-7）。该节点可以同时满足柱身接长与梁柱连接的需要，且大大减少了施工现场的焊接量，施工方便，质量也能较好地保证。

1.2.3　CFST 柱-RC 梁节点的分类

近年来，钢管混凝土柱（Concrete filled Steel Tubular，CFST）-钢筋混凝土（Reinforced Concrete，RC）梁组合框架结构被越来越多地运用到了多层及高层建筑中，有关 CFST 柱-RC 梁组合框架结构的研究得到了广泛开展，但现有研究多针对该类结构节点的抗震性能，针对该类结构的整体抗震性能研究极为有限。

CFST 柱-RC 梁框架结构的梁柱连接为该类结构的关键技术问题之一。现有 CFST 柱-RC 梁节点按连接形式主要可分为两大类：①贯穿式节点；②外置式节点。

（1）贯穿式节点，该类节点通过在柱钢管壁上开洞以使得梁纵筋或型钢梁段贯穿钢管形成节点，如穿心暗牛腿式节点、半穿心牛腿式节点、钢筋穿透式节点；或彻底将钢管混凝土柱打断使钢筋混凝土梁整体贯穿节点核心区域以形成梁柱节点，如环梁贯穿式节点等。

1）穿心暗牛腿式节点

穿心暗牛腿式节点将钢筋混凝土梁纵筋焊接在穿心牛腿钢板上，在钢管壁上进行开洞，使型钢牛腿穿透钢管柱以传递弯矩和剪力（图 1-8）。

2）半穿心牛腿式节点

半穿心牛腿式节点通过在钢管壁上进行开洞，将型钢牛腿部分伸入钢管，再将钢筋混凝土梁纵筋焊接于牛腿钢板上形成节点（图 1-9）。

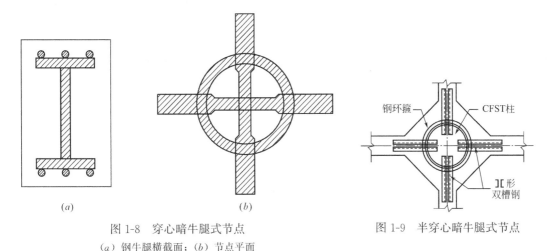

图 1-8　穿心暗牛腿式节点
（a）钢牛腿横截面；（b）节点平面

图 1-9　半穿心暗牛腿式节点

3）钢筋贯穿式节点

钢筋穿透式节点通过在钢管壁上进行开孔，使梁纵筋穿透钢管柱以传递弯矩，在柱外设置环梁及加劲肋以传递梁端剪力，管壁开孔处往往需另设置加劲肋以弥补因开孔而造成的钢管削弱。

4) 环梁贯穿式节点

环梁穿透式节点在节点核心区将钢管混凝土柱彻底打断，钢筋混凝土梁通过被打断的钢管混凝土柱以形成梁柱节点，并在打断处设置钢筋混凝土环梁以补偿由于钢管混凝土柱被打断而造成的刚度和承载力削弱（图1-10）。

图1-10　环梁贯穿式节点

（2）外置式节点，该类节点保留柱钢管管壁的完整性，于柱钢管外侧设置环梁及抗剪部件，以传递梁端弯矩及剪力，如外置式环梁节点、加强环肋板式节点等。

1) 外置式环梁节点

外置式环梁节点在钢管外围设置钢筋混凝土环梁，将钢筋混凝土梁纵筋锚入环梁以传递弯矩，同时在钢管外壁设置抗剪环，以传递剪力（图1-11）。

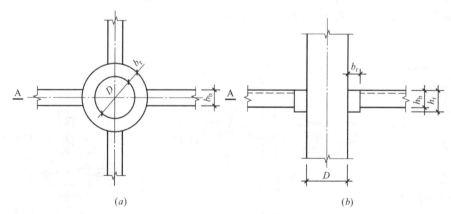

图1-11　外置式环梁节点
(a) 环梁节点平面；(b) 剖面 A-A

2) 外加强环肋板式节点

加强环肋板式节点根据梁的顶部和底部钢筋位置，于钢管上设置上下加强环肋板，并在上下加强环肋板之间设置竖向加劲肋，梁上部和下部钢筋分别与上下加强环肋板焊接以传递梁端弯矩，将梁端斜筋与竖向加劲肋焊接以传递梁端剪力（图1-12）。

《矩形钢管混凝土结构技术规程》CECS 159：2004 建议了 2 种 CFST 柱-RC 梁节点连接形式：①环梁-钢承重销式连接，在钢管外壁焊半穿心钢牛腿，柱外设八角形钢筋混凝

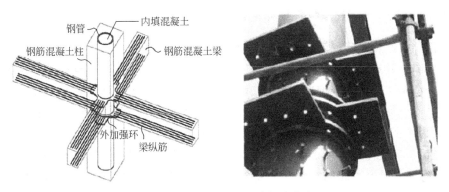

图 1-12　叠合外加强环肋板式节点

土环梁，梁端纵筋锚入钢筋混凝土环梁传递弯矩（图 1-13）；②穿筋式连接，柱外设矩形钢筋混凝土环梁，在钢管外壁焊水平肋钢筋（或水平肋板），通过环梁和肋钢筋（或肋板）传递梁端剪力，框架纵筋通过预留孔穿越钢管传递弯矩（图 1-14）。《钢管混凝土结构技术规程》CECS 28：2012 建议：梁（板）与钢管混凝土柱的连接应做到构造简单、传力明确、整体性好、安全可靠、经济合理、施工方便；抗震设计时，连接破坏不应先于被连接构件破坏；钢筋混凝土梁与钢管混凝土柱连接时，钢管外剪力传递采用环形牛腿、抗剪环或承重销；钢筋混凝土无梁楼板或井式密肋楼板与钢管混凝土柱连接时，钢管外剪力传递可采用台锥式环形深牛腿；钢筋混凝土梁与钢管混凝土柱的管外弯矩传递可采用井式双梁、环梁、穿筋单梁和变宽度梁。

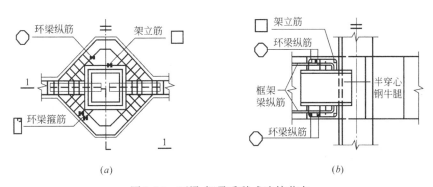

(a)   (b)

图 1-13　环梁-钢承重销式连接节点

（a）节点平面；（b）节点剖面 1-1

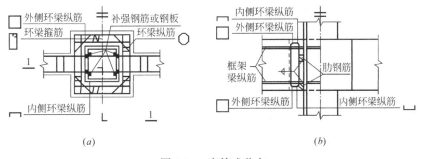

(a)   (b)

图 1-14　穿筋式节点

（a）节点平面；（b）节点剖面 1-1

1.2.4 CFST 柱-RC 梁节点研究现状

韩小雷等对取自实际工程的两个带环梁十字形穿心暗牛腿式节点进行了梁端竖向单调加载静力试验，并对试验现象和结果进行了分析，试验结果表明：试件的破坏形态为钢筋混凝土梁弯剪破坏，而钢管混凝土柱及梁柱节点核心区未遭破坏，试件满足"强柱-弱梁"的理想失效机制；梁首条弯曲正裂缝均出现在环梁与钢筋混凝土梁交界位置，而后该裂缝缓慢发展，造成节点破坏的主弯剪裂缝位于钢牛腿悬臂端附近的混凝土梁侧，这是由于该位置弯矩较大，而含钢率又突减，故而成为破坏主裂缝形成位置；环梁在整个受力过程中未起明显作用，提出了环梁是否可以取消的疑问。季静等在通过梁端往复荷载试验探讨了环梁、钢筋混凝土板、穿心牛腿及加荷方式对节点受力性能的影响，进一步确认了环梁对穿心牛腿节点试件的承载力并无贡献，并且环梁的存在会增加施工困难、浪费材料并影响结构美观，故建议取消环梁；研究结果还表明楼板的存在会提高梁的抗弯承载力。韩小雷、季静等在前期工作基础之上，进一步对穿心暗牛腿式节点进行了改进。另外，蔡健等进行了"井"字形穿心暗牛腿式节点试验研究；黄汉炎等和闫胜魁等对穿心暗牛腿式梁、板节点进行了空间受力试验研究并提出了该类节点的设计方法。

黄襄云等对三种形式的半穿心牛腿式节点（单梁节点、单双梁节点、双梁节点）进行了梁端循环往复荷载试验研究，并对半穿心牛腿式单梁节点框架结构进行了 1∶8 缩尺模型模拟地震振动台试验研究，研究表明：在梁端反复荷载作用下，三种形式节点均满足"强柱-弱梁"、"强节点-弱构件"的抗震要求，具有良好的抗震性能，其中单梁节点的综合性能最佳；在地震荷载作用下，单梁节点框架结构的整体抗震性能良好。

陈洪涛等提出了一种钢管混凝土柱钢筋贯穿式节点，该节点在管柱对应梁上下翼缘位置处进行开孔以使梁钢筋穿过，并在节点处设置加强环以补偿管柱的局部截面削弱，对该类节点的局部开孔钢管混凝土柱进行了轴压试验，该研究表明：对开孔后的钢管混凝土柱合理设置加劲肋，可弥补柱子因开孔造成的削弱，不会影响柱子的承载力。

徐姝亚等提出了装配式套筒连接钢筋穿透式节点，并对 8 个足尺节点试件进行了梁端竖向往复荷载试验研究，考虑了柱轴压比、梁柱连接角度及节点位置对节点抗震性能的影响，该研究表明：该类节点具有"强 CFST 柱-弱 RC 梁"、"强节点-弱构件"的理想失效机制和较高的承载力，节点耗能能力较强，变形能力较好。

Nie 等和 Bai 等对钢管混凝土柱-钢筋混凝土环梁节点的抗震性能进行了研究，Zhang 等对双层 CFST 柱-RC 梁节点的抗震性能进行了研究，结果表明：环梁贯穿式节点具有良好的抗震性能，节点由于钢筋混凝土梁的破坏而失效，从而具有"强 CFST 柱-弱 RC 梁"和"强节点-弱构件"的理想失效路径。

李学平和吕西林针对方钢管混凝土柱外置式环梁节点设计了联结面试件，进行了联结面试件抗剪试验，提出了外置式环梁节点的联结面的抗剪设计方法；对外置式环梁节点进行了梁端竖向往复荷载试验研究，进行了环梁抗弯、抗剪和联结面抗剪验算方法。方小丹等对外置式环梁节点的进行了往复荷载试验研究和有限元分析，系统研究了外置式环梁节点的受力机理及抗震性能。周颖等进行了钢管混凝土叠合柱节点环梁试验研究，获得了节点环梁的破坏模式、承载力、节点区域钢筋应力分布及耗能能力。

吴家平和钟善桐推导了加强环肋板式节点内力计算公式并通过试验验证了公式的正确性。李松柏等对加强环肋板式节点进行了往复荷载试验研究，考虑了搭接和焊接两种连接方式以及牛腿长度对节点抗震性能的影响。聂建国等针对实际工程设计中的钢管混凝土叠合柱-钢筋混凝土梁外加强环节点进行了抗震性能试验研究，结合有限元分析，对节点的承载力、刚度、延性、耗能能力、变形性能以及外加强环的应变分布规律进行了分析。基于研究结果，对采用外加强环的钢管混凝土叠合柱-钢筋混凝土梁节点的构造措施提出了建议。

周栋梁等对钢筋混凝土环梁连接的 2 层 2 跨 RC 梁-圆钢管混凝土柱框架进行了拟动力试验，为研究环梁在地震作用下的破坏形态，大部分节点设计成"弱环梁、强框架梁"，即环梁屈服先于框架梁；少量节点设计成"强环梁、弱框架梁"，即框架梁屈服先于环梁。试验表明：小震时，框架的刚度降低很少；大震时，层间位移角小于 1/100；即使弱环梁已经破坏、层间位移角达 1/34，框架的承载力仍未下降；能够实现"强柱-弱梁"和实现塑性铰形成于框架梁端的"强连接-弱构件"的抗震设计概念。钢筋混凝土环梁与圆钢管混凝土柱之间局部范围的缝隙不影响框架的整体抗震性能；环梁与柱之间几乎无相对竖向滑移，从而采用钢筋混凝土环梁连接的 RC 梁-圆钢管混凝土柱框架具有良好的抗震性能。

黄襄云等设计制作了缩尺比为 1∶8 的 5 层 2 跨的圆钢管混凝土柱-RC 梁节点框架结构振动台试验模型，进行了模拟地震振动台试验，获得了结构在 8 度多遇、8 度基本及 8 度罕遇烈度下的时程响应。研究表明：在地震荷载作用下，采用单梁节点的圆钢管混凝土柱框架结构的变形以剪切变形为主，层间位移满足规范要求，理论计算值与试验数据基本一致，结构整体抗震性能良好。

1.3 框架-支撑结构体系研究现状

框架具有良好的延性，但其抗侧移刚度主要来自于框架梁柱的抗弯刚度贡献，结构整体初始抗侧移刚度较小，应用于高层建筑时，往往难以满足变形限制要求，从而框架结构的高度受到限制。框架-支撑结构通过在框架结构中合理地布置支撑形成，支撑的加入有利于提高结构的抗侧刚度和承载力，且具有较好的经济性。后文将框架-支撑结构中的框架部分（由框架梁和框架柱刚接而成）称为"总框架"，框架-支撑结构中的支撑部分称为"支撑系统"。

1.3.1 框架-支撑结构的理论研究现状

徐嫚等采用瞬时加载法分别对 5 种常见的中心支撑-钢框架结构在中柱或边柱失效的情况下进行了弹塑性动力反应分析，探讨了中心支撑对多层平面钢框架连续倒塌动力效应的影响。其研究结果表明：支撑的加入对钢框架的极限承载力并没有太大提高，但可明显提高结构的抗侧移刚度；支撑布置形式对结构的失效机制有一定影响，无论在底层中柱失效还是边柱失效时，X 形、V 形和反 V 形支撑都可明显减小失效处节点位移；正斜支撑更适用于底层中柱失效的结构；反斜支撑对于中柱和边柱失效时的变形控制效果比较相近，但总体要差于其他形式的支撑。

陈昌宏等基于位移性能，对钢框架结构及支撑-钢框架结构开展了静态与考虑"瞬间去柱"动力效应的动态 PUSHOVER 分析，对比分析了钢框架结构、V 形及 X 形支撑-钢框架结构的抗连续倒塌力学性能。该研究表明：钢框架-支撑结构的荷载储备系数明显优于钢框架结构，钢框架-支撑结构存在能够显著减小"瞬间去柱"引起的突变位移幅度，减缓柱破坏时结构的动力响应。

高轩能等通过计算不同支撑类型和布置方式下钢框架结构的顶层最大位移，研究了支撑布置形式和方式对多层、高层钢框架结构侧向刚度的影响。研究发现：不论是采用中心支撑，还是偏心支撑，将支撑沿竖向集中布置于中间跨距时的抗侧刚度高于将其布置在边缘跨距和其他跨距。在同一布置方式下，人字形中心支撑和小偏心支撑对抗侧移刚度的提高较单斜支撑有更为明显的效果，然而，单斜支撑对抗侧移刚度的提高程度更为稳定，受支撑偏心程度的影响更小，支撑偏心对人字形支撑抗侧移刚度的提高程度稳定性影响很大，抗侧移刚度的提高幅度相差可达 10% 以上；在相同支撑类型和同样布置方式下，支撑偏心对高层框架侧移刚度的影响比对多层框架大。

杨俊芬等对人字形中心支撑钢框架进行了静力推覆试验和有限元分析，研究结果表明，支撑受压屈曲后，结构的抗侧移刚度会明显降低，而结构水平承载力并无显著降低，并且结构仍具有良好的延性，规范中建议的对受压屈曲的支撑仅考虑 30% 的原有承载力偏于保守；从静力推覆分析结果来看，满足规范板件宽厚比限值的中心支撑构件不会发生局部屈曲。

王伟等基于强度折减系数的抗震设计方法，研究了典型梁贯通式支撑钢框架结构的强度折减系数。

张浩对中心支撑及偏心支撑的布置方式进行了参数分析，获得了支撑布置方式对结构内力及位移的影响。

赵亮等提出了一种节点刚性连接的装配式高层预应力钢框架-支撑体系，通过有限元分析获得了该结构体系的受力模式和拉索初始预应力的取值准则。研究结果表明：预应力支撑可以有效地改善结构的受力性能，与钢框架结构相比，结构整体抗侧刚度和极限承载能力均有很大提高。

熊二刚和张倩基于功能平衡原理，提出了人字形中心支撑钢框架结构基于性能的塑性设计法（PBPD），该方法根据预定的屈服机制和目标侧移，采用能量方程求得设计基底剪力，采用塑性设计法设计支撑构件和节点以便达到预期的屈服机制和性能。

刘学春等对单榀单层纯钢框架、斜支撑钢框架和 30 层装配式斜支撑钢框架整体结构进行了有限元分析，研究了梁柱螺栓连接节点刚度对框架的构件力学性能、结构整体侧移和刚度以及破坏模式的影响。

李慎和苏明周提出了适用于偏心支撑钢框架的基于性能的抗震设计方法（PBSD），该方法以结构的目标侧移和失效模式来预测和控制结构的非弹性变形状态，保证偏心支撑钢框架在大震作用下各层连梁均参与耗能，而其他构件仍保持弹性，即偏心支撑钢框架的层间侧移趋于均匀，避免结构薄弱层的出现，便于偏心支撑钢框架的震后修复。

芮建辉等采用增量动力分析（IDA）方法并结合倒塌储备系数（CMR）评价方法，对防屈曲支撑-钢框架和含有填充墙的防屈曲支撑-钢框架进行了有限元分析并对两者的抗震性能进行了对比分析。

在框架-支撑体系的整体优化设计方面，林昕等基于结构经济性和合理性，提出对框撑体系设置屈曲约束支撑和普通支撑混合支撑系统，进行了 20 个算例（其中采用了抗弯框架、中心支撑框架、屈曲约束支撑框架和下部楼层屈曲约束支撑、上部楼层普通支撑的混合框架等四种结构体系）的弹塑性时程分析，并对各结构方案的抗震性能和经济性进行了比较。

于海丰等基于现有规范，研究了钢框架-中心支撑弯框架的抗震设计方法。研究发现，同一输入地震动、支撑同时退出工作的前提下，抗弯框架按任一层能独立承担层剪力 25％ 设计的双重体系与单体系动力响应类似，而抗弯框架按任一层能独立承担结构基底剪力 25％ 设计的双重体系抗震性能明显较优。在用钢量相差不多的前提下，建议钢框架-中心支撑双重体系中的抗弯框架按任一层能独立承担结构基底剪力 25％ 设计。

叶列平等基于静力弹塑性分析方法给出了结构预期损伤部位累积滞回耗能 需求的确定方法，据此结合构件的承载力和变形需求，提出了构件层次的基于能量抗震设计方法。马宁等针对梁柱刚接的防屈曲支撑钢框架，根据能量平衡的概念提出基于能量的抗震设计方法，使结构在罕遇地震作用下满足给定的目标位移。

1.3.2　框架-支撑结构的试验研究现状

抗震性能试验是评价结构抗震性能最为直观的方法。近年来，框架-支撑结构的抗震性能试验研究得到了广泛的开展，主要的试验手段有静力推覆试验、拟静力试验、拟动力试验以及振动台试验研究。

杨俊芬等对缩尺人字形单层单跨中心支撑钢框架进行静力推覆试验和有限元分析，研究了中心支撑钢框架在水平荷载作用下的抗侧刚度、延性、极限承载力及破坏模式。

顾炉忠等为研究防屈曲支撑-框架的抗震性能，分别对单层单跨普通梁单支撑、宽扁梁单支撑、普通梁人字撑进行了拟静力试验研究，设计的防屈曲支撑及混凝土框架具有优异的协同工作性能，防屈曲支撑可在较小层间位移角时进入屈服消能状态，在大位移下不失效，能有效增加结构阻尼，降低地震反应。J Powell 等对 2 层 X 形中心支撑框架进行了拟静力试验研究。Youssef 等对单层单跨钢筋混凝土框架和带 X 形中心支撑钢筋混凝土框架进行了拟静力试验研究，并对比了两者的承载力和抗震性能。研究表明：带支撑钢筋混凝土框架向对于不带支撑的传统钢筋混凝土框架具有更高的承载力。郭兵等进行了 4 个 3 层单跨空间偏心支撑半刚接钢框架试件的拟静力试验研究，分析了该类框撑结构的动力特性及抗震性能。

Tsai 等采用拟动力试验对 3 层平面内屈曲中心支撑-框架的抗震性能进行了研究，并提出了该类结构体系的抗震设计方法。

Okazaki 等对单层单跨人字形中心支撑框架进行振动台试验研究。张文元等对缩尺比为 1：4 的 3 层单跨铰接人字形中心支撑框架进行了振动台试验，研究了铰接中心支撑框架结构体系的抗震性能。

由以上可知，框架-支撑结构的研究已在理论上和试验上得到了大量的开展，为后续类似新型结构体系的研究提供了大量有价值的参考依据。

1.4 存在问题

由现有研究文献可知，CFST 柱-RC 梁框架结构具有良好的抗震性能，符合"强CFST 柱-弱 RC 梁"的理想失效机制，具有良好的工程应用前景。然而，现有关此类结构的研究还较不完善，存在的主要问题如下：

(1) 现有关 CFST 柱-RC 梁框架结构的绝大部分研究多针对梁与柱节点的连接形式、连接可靠性及抗震性能，有关 CFST 柱-RC 梁框架的整体抗震性能的研究极少。

(2) 钢管混凝土柱结构作为一种承载力、延性及抗震性能均优的构件形式，现已被广泛地应用于高层建筑结构。然而，无论是钢筋混凝土框架结构、钢框架结构还是钢管混凝土组合框架结构，其抗侧移刚度均较低，结构高度受到限制。从现存十分有限的 CFST 柱-RC 梁框架整体研究可以得知：虽然在超出抗震规范层间位移角限制时，钢管混凝土柱仍具有良好的工作性能，结构逃脱了倒塌的危险，但同时也表明该类框架体系容易出现在框架柱无损伤的情况下，却因抗侧移刚度不足使得结构侧移过大的情况。在 CFST 柱-RC 梁框架中增加赘余抗侧力构件帮助结构总框架减小侧移和耗散地震能量，从而使得结构抗震性能充分发挥是非常值得研究的内容。

(3) 装配式结构是我国未来建筑行业发展的重要方向，是建筑工业化的必经之路，预制装配式结构可以减少人力成本、降低劳动强度、缩短工期、实现低能耗和低排放的绿色建造过程。然而，现有关 CFST 柱-RC 梁框架结构均为现浇式或部分现浇式，有关装配式CFST 柱-RC 梁框架结构的研究还未得到开展。

1.5 本书框架内容

为了解决上述问题，中建七局技术团队研发了一种新型"CFST 柱-RC 梁节点"——"劲性柱-混合梁连接节点"，同时为了提高框架结构的侧向刚度，针对此类节点设计了侧向支撑，完成了内、外墙板楼板、预制楼梯等部品、构件的设计，形成了装配式劲性柱混合梁框架结构体系，并针对此结构体系展开了系列研究，主要内容如下：

(1) 绪论

第1章总结分析装配式结构、装配式结构框架节点，框架-支撑结构体系的分类和研究现状等，针对目前存在问题，确定的本书编制内容。

(2) 装配式劲性柱混合梁框架结构整体设计

第2章针对装配式劲性柱混合梁框架结构，完善结构、构件及节点的设计，包括劲性柱、混合梁、支撑、墙板等构件的设计；梁柱连接、主次梁连接、支撑与梁柱连接等节点的设计；给出结构承力系统及工作原理，确保了"强柱-中梁-弱支撑"的理想失效机制。

(3) 装配式劲性柱混合梁框架结构、构件及节点性能

第 3 章~第 6 章，通过劲性柱-混合梁节点的拟静力试验，混合梁的抗弯、抗剪试验，模型框架的拟静力及振动台试验，研究梁柱节点、混合梁及框架的破坏模式及受力机制。对梁柱节点、混合梁的受力机制进行理论分析，为建立抗剪承载力、抗弯承载力计算公式提供理论依据。利用有限元软件建立劲性柱-混合梁节点、混合梁及框架的有限元模型，将有限元分析结果与试验结果和理论分析结果进行对比，验证有限元模型的适用性。

（4）装配式劲性柱混合梁框架结构计算理论

第 7 章基于上述研究，总结得出劲性柱-混合梁节点的抗剪承载力、梁柱连接处混合梁端的抗弯承载力、混合梁抗弯承载力、抗剪承载力计算公式，给出了合理刚度特征值的取值范围。

（5）结构设计

第 8 章基于装配式劲性柱混合梁框架结构的性能，给出了材料、建筑设计方法、结构设计方法及构造要求等，为工程实践提供设计依据。

（6）总结与展望

第 9 章总结本书的主要研究成果，指出不足和存在问题，为下一步研究提供方向。

第 2 章　装配式劲性柱混合梁框架结构体系

本章介绍了装配式劲性柱混合梁框架结构体系及其主要构件，确定了不同类型构件的连接形式，系统阐述了结构承力系统及工作原理。

2.1　装配式劲性柱混合梁框架结构构件

装配式劲性柱混合梁框架结构体系主要由周边的钢管混凝土柱、混合梁和支撑作为承受竖向和水平荷载的构件；楼面采用叠合板整浇面层。结构柱、墙、梁、板、楼梯均为工厂预制，现场吊装，通过连接点进行有效结合，如图 2-1 所示。

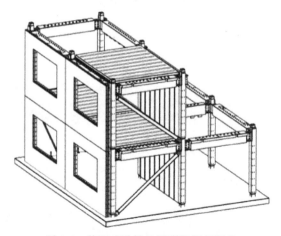

图 2-1　装配式劲性柱混合梁框架结构

（1）劲性柱

劲性柱为外包混凝土的钢管混凝土柱，梁柱连接区域柱内设有竖向加劲板并外伸至钢管壁外一定长度，外包混凝土仅起防火、防腐作用，在竖向加劲板外伸段预留高强螺栓连接孔并焊接"工"字形钢接头的上下翼缘。钢管外焊接栓钉，并外挂钢丝网片，浇筑外包混凝土，如图 2-2 所示。

（2）混合梁

混合梁两端为"工"字形钢接头，并预留螺栓连接孔，中间部分为钢筋骨架，梁纵向受力钢筋应与"工"字形钢接头上下翼缘焊接，混合梁在两端焊接栓钉。梁内箍筋间隔伸出，伸出高度为叠合板的厚度减去板顶保护层的厚度，如图 2-3 所示。

（3）支撑

支撑形式宜采用中心支撑，中心支撑的形式宜采用交叉支撑或单斜杆支撑。支撑截面宜采用双轴对称截面，可采用圆形截面、H 形截面钢构件，如图 2-4 所示。

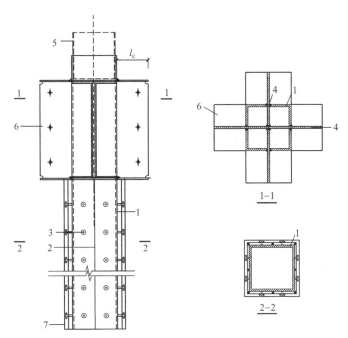

图 2-2　劲性柱

1—矩形钢管；2—钢丝网片；3—焊接栓钉；4—竖向加劲板；5—连接内衬；6—与梁连接接头；7—钢管外包混凝土

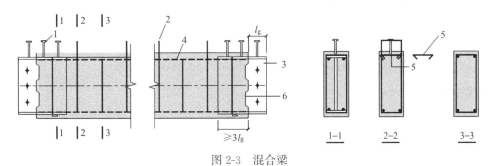

图 2-3　混合梁

1—栓钉；2—与叠合板连接箍筋；3—混合梁工字形钢接头；4—混合梁纵向受力钢筋；5—附加拉筋；6—键槽

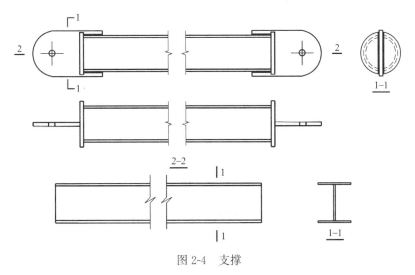

图 2-4　支撑

（4）楼板

楼板采用叠合楼板，叠合楼板可采用桁架钢筋混凝土叠合板或预制带肋底板混凝土叠合板，如图 2-5、图 2-6 所示。

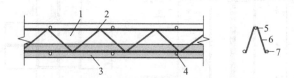

图 2-5　桁架钢筋混凝土叠合板断面构造

1—叠合层；2—桁架钢筋；3—预制板；4—预制板钢筋；

5—上弦钢筋；6—腹杆钢筋；7—下弦钢筋

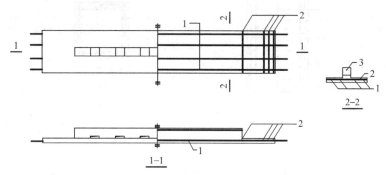

图 2-6　预制带肋底板混凝土叠合板构造

1—底板纵向钢筋；2—底板横向钢筋；3—板肋纵向构造钢筋

（5）墙

外墙采用预制混凝土夹心保温外墙，内墙采用陶粒混凝土整体浇筑而成，如图 2-7、图 2-8 所示。

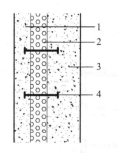
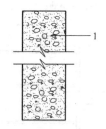

图 2-7　夹心外墙断面构造　　　　图 2-8　内墙断面构造

1—外叶墙板；2—保温层；　　　　　1—陶粒混凝土

3—内叶墙板；4—连接件

（6）楼梯

预制装配楼梯宜为整体预制构件，梯段板面、板底配置通长的纵向钢筋，固定铰支端预留插筋洞口，施吊位置处设置吊点加强筋，如图 2-9 所示。

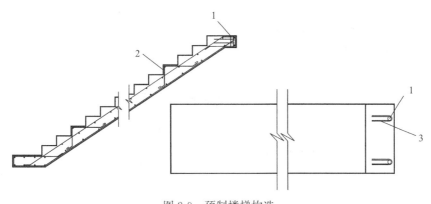

图 2-9　预制楼梯构造

1—预留洞；2—吊点加强筋；3—预留洞加强筋

2.2　装配式劲性柱混合梁框架结构连接节点

（1）劲性柱-混合梁连接

劲性柱、混合梁钢接头腹板处通过附加连接钢板和高强螺栓连接，上下翼缘焊接，如图 2-10 所示。

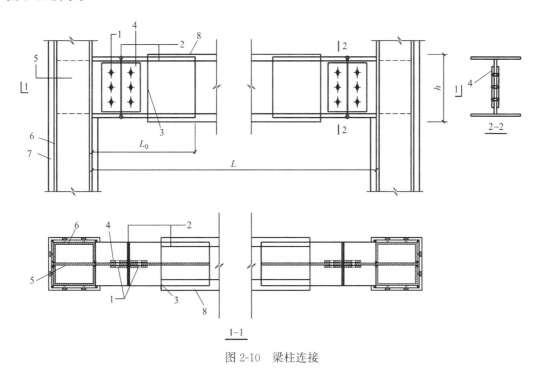

图 2-10　梁柱连接

1—高强度螺栓；2—焊接；3—梁预制与现浇混凝土分界面；4—连接板；5—竖向加劲板；
6—劲性柱钢管；7—劲性柱外包混凝土；8—梁混凝土保护层

（2）主次梁连接

主次梁连接时，应沿次梁轴线方向埋置"工"字形钢接头，主次梁通过"工"字形钢接头进行连接，如图 2-11 所示。

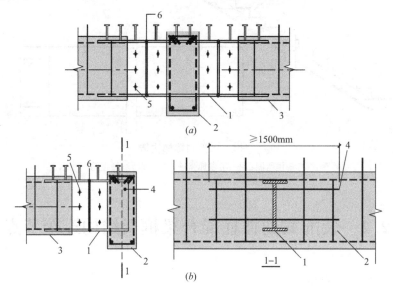

图 2-11　主次梁连接构造

（a）主次梁中间节点；（b）主次梁边节点

1—主梁与次梁连接工字形钢接头；2—主梁；3—次梁；4—加强筋；5—高强度螺栓；6—焊接

（3）支撑与梁柱连接

支撑与梁柱可采用销轴、高强度螺栓、焊接连接或两种方式的组合连接。支撑与梁柱采用焊接连接时，支撑与斜杆的上下翼缘及腹板应采用全熔透坡口焊缝连接，如图 2-12～图 2-14 所示。

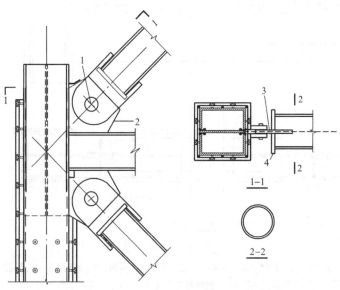

图 2-12　支撑与梁柱销轴连接的构造示意

1—销轴；2—节点板；3—连接耳板；4—盖板

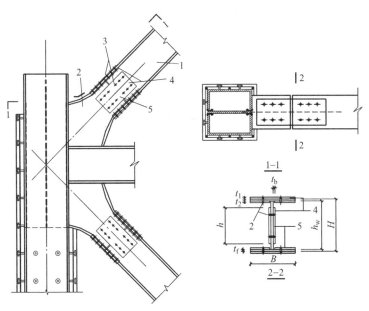

图 2-13 支撑与梁柱高强度螺栓连接构造示意
1—支撑；2—斜杆；3—高强度螺栓；4—连接板

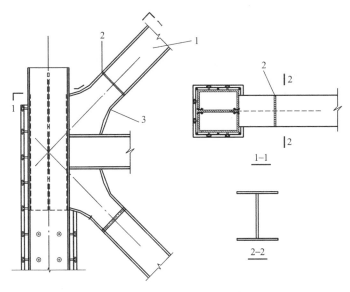

图 2-14 支撑与梁柱焊接连接构造示意
1—支撑；2—焊接连接；3—斜杆

（4）叠合板与混合梁连接

叠合板板端预留钢筋伸过支座中心线，与混合梁间隔伸出的箍筋绑扎连接。如图 2-15 所示。

（5）外墙板与劲性柱连接

外墙板与混合梁连接时，墙板的四个角点预留槽钢，劲性柱焊接带有豁口矩形钢管，矩形钢管底部焊接钢板，下部焊接底托，外墙板的预留槽钢套入劲性柱的矩形钢管内后，上部角点用发泡混凝土填充缝隙，如图 2-16 所示。

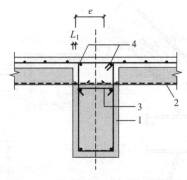

图 2-15 叠合板与混合梁连接构造

1—混合梁；2—预制板；3—附加拉筋；4—叠合板与混合梁连接处纵向构造钢筋

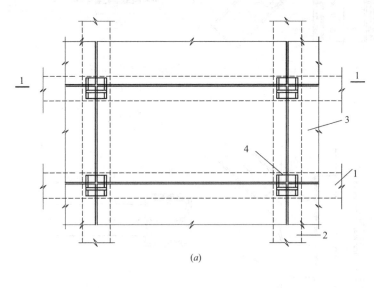

(a)

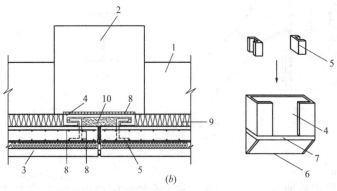

(b)

图 2-16 外墙板与劲性柱连接

(a) 外墙板与劲性柱连接立面图；(b) 外墙板与劲性柱连接节点大样

1—混合梁；2—劲性柱；3—外墙板；4—劲性柱预留连接件；5—外墙板预留连接件；
6—底托；7—底板；8—焊接；9—防火封堵；10—发泡水泥

（6）内墙板与主体结构连接

内墙板上下端、混合梁底部、楼板顶部预留插筋孔，插筋插入混合梁、楼板、内墙板等相应部位进行连接。内墙板下部坐水泥砂浆，上部用柔性混凝土填充，如图 2-17 所示。

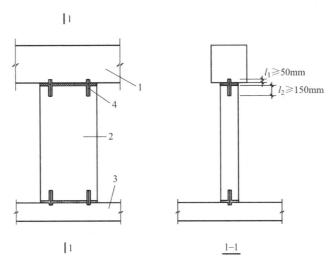

图 2-17　内墙板与主体结构连接

1—混合梁；2—劲性柱；3—楼板；4—插筋

（7）楼梯与主体结构连接

预制楼梯与梯梁连接，可一端采用固定铰支座，另一端采用滑动铰支座。固定铰支座端楼梯和梯梁预留洞口，预留洞内插入插筋后注入灌浆料。滑动铰支座端楼梯与梯梁缝隙间填塞聚苯板和聚四氟乙烯板，防止接触处滑动，如图 2-18 所示。

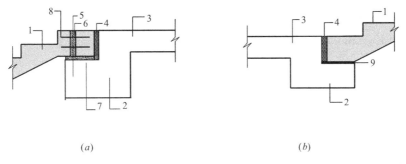

(a)　　　　　　　　　　　　　(b)

图 2-18　楼梯与梯梁连接构造

（a）固定铰支座；（b）滑动铰支座

1—预制楼板；2—梯梁；3—平台板；4—聚苯板；5—插筋；

6—灌浆料；7—水泥砂浆；8—预留洞加强筋；9—聚四氟乙烯板

（8）夹心外墙板的接缝连接

夹心外墙板接缝处采用材料防水和构造防水相结合的做法，水平接缝采用高低缝或企口缝构造，竖向接缝采用平口或槽口构造，如图 2-19 所示。

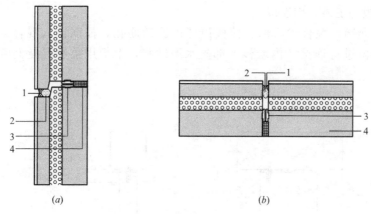

图 2-19　夹心外墙板接缝构造

(*a*) 夹心外墙板水平接缝构造；(*b*) 夹心外墙板竖向接缝构造

1—建筑密封胶；2—发泡芯棒；3—橡胶气密条；4—耐火接缝材料

2.3　结构承力系统及工作原理

2.3.1　结构总框架-支撑系统协同作用机理

在劲性柱混合梁框架结构的设计中，结构的全部竖向荷载由总框架承担；水平荷载由总框架及支撑系统协同承担。

如图 2-20 所示，框架-支撑结构的水平侧移刚度可以分解为总框架以及支撑系统各自抗侧移刚度的叠加。假设总框架单独工作的情况下，其屈服时的层剪力和层位移分别为 $F_{F,y}$ 和 $u_{F,y}$，其初始抗侧移刚度为 k_F；支撑系统单独工作的情况下，其屈服时的层剪力和层位移分别为 $F_{B,y}$ 和 $u_{B,y}$，其初始抗侧移刚度为 k_B，则 $F_F = F_{F,y} + F_{B,y}$ 为结构整体屈服的层剪力。

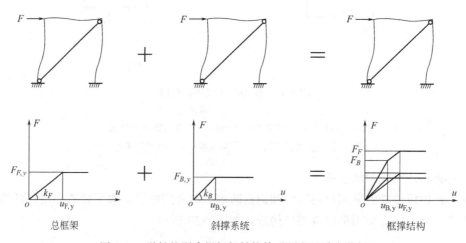

图 2-20　劲性柱混合梁框架结构体系刚度及受力分解

2.3.2　双重抗侧力系统及失效路径概念设计

现行国家标准《建筑抗震设计规范》GB 50011 第 3.5.3 条明确规定:"结构体系尚宜有多道抗震防线"。在装配式劲性柱混合梁框架结构中,总框架与支撑系统形成双重抗侧力体系,其水平地震剪力-侧移曲线如图 2-21 所示:在地震作用下,支撑系统与总框架共同抵抗地震作用,支撑系统作为劲性柱混合梁框架结构的第一道抗震防线,在地震作用下首先遭到破坏,当结构侧移 $u = u_{B,y}$ 时,支撑系统进入屈服,结构抗侧移刚度减小;而后总框架作为结构第二道抗震防线,在支撑系统屈服

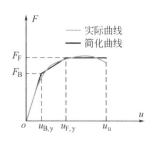

图 2-21　劲性柱混合梁框架结构水平地震剪力-侧移曲线

之后才开始进入屈服破坏,在 $u = u_{F,y}$ 时达到设计目标侧移。支撑系统作为双重抗侧力体系的第一道抗震防线首先遭到破坏后至总框架构件开始屈服前,结构已耗散大部分的地震能量;当结构自振周期与场地卓越周期相近时,支撑进入屈服后,结构刚度减小,自振周期偏离场地卓越周期,结构所受地震作用也将减小。

劲性柱混合梁框架结构基于"小震不坏、中震可修、大震不倒"三水准设防目标进行设计:多遇地震作用下,结构构件均处于弹性阶段;基本地震作用下,允许支撑进入屈服耗能阶段,结构部分构件进入塑性状态,结构维修后方可再度投入使用;罕遇地震作用下,支撑系统及框架结构均产生不同程度的塑性变形,通过合理的结构设计,控制塑性铰的产生位置及出现次序,防止结构的倒塌灾变。对于劲性柱混合梁框架结构体系,合理地进行支撑设计及布置,是实现三水准设防目标、控制结构侧移变形、使支撑有效参与结构耗能的关键。

2.3.3　支撑失效位移

为使支撑的性能充分发挥,支撑应先于框架屈服,结构整体应具有"强柱-中梁-弱支撑"的理想失效机制,以下推导劲性柱混合梁框架结构中支撑的屈服位移及致使支撑屈服的主导因素。

假设框架-支撑体系发生微小侧移,支撑倾角 θ 不变;圆钢管混凝土支撑核心混凝土仅起防止支撑屈曲的作用,不考虑核心混凝土对受力的贡献。则支撑的初始抗侧移刚度可写作:

$$k_{B,y} = \frac{A_{s,B} E_{s,B} \sin\theta \cos^2\theta}{h} \tag{2-1}$$

式中:$A_{s,B}$ 为支撑钢管截面面积;$E_{s,B}$ 和 $f_{y,B}$ 分别为支撑钢管钢材弹性模量和屈服强度;θ 为支撑倾角;h 为结构层高。

支撑进入屈服状态的标志为:支撑钢管拉(或压)应力达到钢材屈服强度 $f_{y,B}$,故使支撑进入屈服状态所需水平力 $F_{B,y}$ 为:

$$F_{B,y} = A_{s,B} f_{y,B} \cos\theta \tag{2-2}$$

根据式(2-1)和(2-2)可得,支撑屈服时,结构的水平侧移 $u_{B,y}$ 和层间位移角 $\theta_{B,y}$ 分别为:

$$u_{B,y} = \frac{f_{y,B} \cdot h}{E_{s,B} \sin\theta \cos\theta} \tag{2-3}$$

$$\theta_{\mathrm{B,y}} = u_{\mathrm{B,y}}/h = \frac{f_{\mathrm{y,B}}}{E_{\mathrm{s,B}}\sin\theta\cos\theta} \qquad (2\text{-}4)$$

由以上推导可知，支撑是否先于框架屈服取决于支撑所采用的材料以及框架的轴线尺寸。由现行国家标准《建筑抗震设计规范》GB 50011 可知，框架结构弹塑性层间位移角限值 θ_{p} 为 1/50，由于支撑应先于框架屈服，设支撑屈服时结构的层间位移角 $\theta_{\mathrm{B,y}}$ 不应超过 1/200，即：

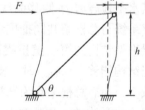

$$\theta_{\mathrm{B,y}} = \frac{u_{\mathrm{B,y}}}{h} = \frac{f_{\mathrm{y,B}}}{E_{\mathrm{s,B}}\sin\theta\cos\theta} \leqslant 1/200 \qquad (2\text{-}5)$$

图 2-22　框架-支撑
侧移变形示意

根据式（2-5），当支撑钢管采用 Q235 钢时，满足 $\theta_{\mathrm{B,y}}$ 限值要求的支撑连接角度 $\theta \geqslant 21°$，当支撑钢管采用 Q345 钢时，满足 $\theta_{\mathrm{B,y}}$ 限值要求的支撑连接角度 $\theta \geqslant 25°$。一般地，对于普通住宅建筑及办公楼，$30° \leqslant \theta \leqslant 60°$，则采用 Q235 钢和 Q345 钢制作的支撑均满足支撑先于框架屈服的要求，框架-支撑侧移变形示意如图 2-22 所示。

2.4　本章小结

本章介绍了装配式劲性柱混合梁框架结构的框架、构件、节点，阐述了结构承载力系统及工作原理，主要内容如下：

（1）介绍了装配式劲性柱混合梁框架结构的主要构件（劲性柱、混合梁、支撑、楼板、墙、楼梯）的设计方法，解释了主要构件的构成原理。

（2）介绍了劲性柱-混合梁连接、主次梁连接、支撑与梁柱连接、叠合板与混合梁连接、外墙板与劲性柱连接、内墙板与主体结构连接、楼梯与主体结构连接、夹心外墙板的接缝连接节点的连接方法，为装配式劲性柱混合梁框架结构的设计提供依据。

（3）介绍了结构承力系统及工作原理，通过合理地进行支撑设计及布置，控制结构侧移变形，使支撑先于框架屈服，实现"小震不坏、中震可修、大震不倒"的三水准设防目标。

第3章 劲性柱混合梁节点性能

梁柱节点的强度、刚度等对结构整体的受力和变形将会产生直接的影响，因此节点性能的研究是装配式框架研究的重中之重。本章进行了梁柱节点的拟静力试验，得到了节点的滞回曲线、骨架曲线等，揭示了节点的受力机理和破坏模式，并基于试验结果，进行了理论分析和数值分析。

3.1 试 验 方 案

3.1.1 节点设计

为了较真实地反映实际工程中节点的受力状态，本试验选取在水平力作用下中间层端节点梁、板与上下柱反弯点之间的梁、柱、板组合体作为试件。经过对实际工程的调查，梁、柱和板的截面尺寸均取为实际工程中应用较为普遍的尺寸。本试验考虑的主要变化因素有两个：有无楼板、下部配筋为钢筋或钢板。据此各设计两类试件，其中楼板宽度按现行国家标准《钢结构设计规范》GB 50017 第 11.1.2 条中规定的有效宽度 b_e。

各构件尺寸、材料为：方钢管柱截面为 200mm×200mm，钢管厚 20mm，钢材为 Q345B级钢，钢管混凝土等级 C50；梁截面为 200mm×400mm，梁混凝土等级 C30、C40，梁内钢筋为 HRB400 级钢筋，梁内钢板为 Q345B 级钢。试件的编号、尺寸以及配筋如表 3-1 所示：

节点构件尺寸及配筋情况 表 3-1

节点编号	尺寸	梁配筋	是否有楼板	混凝土强度等级
JD1		上部（钢筋） 2 ⏀ 20 下部（钢筋） 2 ⏀ 20	有	C30

续表

节点编号	尺寸	梁配筋	是否有楼板	混凝土强度等级
JD2	2900 980 40 860 400 1200 40 980	上部(钢筋) 2⏀20 下部(钢筋) 2⏀20	无	C30
JD3	2200 900 400 1200	上部(钢筋) 2⏀20 下部(钢筋) 2⏀20	无	C40
JD4	900	上部(钢筋) 2⏀20 下部(钢板) —130×15×1078	无	C40
JD5	2200 770 130 400 1200	上部(钢筋) 2⏀20 下部(钢筋) 2⏀20	有	C40
JD6	900	上部(钢筋) 2⏀20 下部(钢板) —130×15×1078	有	C40

3.1.2　加载方案

如图 3-1 所示，柱上端设 3000kN 的油压千斤顶，通过钢铰支座将柱顶水平支撑、千斤顶和柱上端连接在一起，并在柱顶与千斤顶之间设压力传感器，柱下端设为不动铰支座。在梁端用铰支座连接一个竖向布置的 500kN 拉压千斤顶。由柱顶千斤顶向试件施加恒定轴力，由梁端拉压千斤顶施加低周反复荷载。

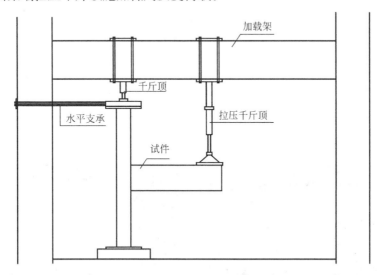

图 3-1　加载装置示意图

3.2　试验结果

3.2.1　试验现象

正向加载时，梁上端受负弯矩作用，由于 JD2、JD4、JD6 有楼板钢筋参与受拉，其正向开裂荷载和屈服荷载都比 JD1、JD3、JD5 大得多，JD6 的开裂荷载甚至比具有相同配筋但不带楼板的 JD5 高出两倍还多。可见楼板有效宽度内与梁纵筋平行的板筋对节点的抗震性能有极大的提高作用。

反向加载时，梁下端受正弯矩作用，在荷载还不是很大时，混凝土没有开裂，正弯矩由下部纵筋和混凝土共同承担，此时不管上端有没有楼板，板筋对正弯矩都毫无贡献，都可忽略楼板作用而把构件看作是矩形截面梁。因此各个对照组节点的反向开裂荷载都相差不大，JD3 和 JD4 甚至相等。但是随着荷载的增大，梁下部混凝土逐渐开裂并退出工作，正弯矩大部分由梁下部纵筋承担，梁上部纵筋、混凝土以及板的部分钢筋和混凝土则共同受压，这时就要考虑板的受压作用。因此，带有楼板的 JD2、JD4、JD6 的反向屈服荷载较不带楼板的 JD1、JD3、JD5 有很大程度的提高。

由于 JD1 和 JD2 的柱高度为 2.9m，而另外四个节点仅为 2.2m，这六个节点的柱截面都相同，则 JD1 和 JD2 的长细比较大，在加载柱轴力时容易出现偏心，稳定性不如其他四个节点。因此，这两个节点的破坏位移相对值都比另外四个节点小，延性较差各节点的试验结果对比如表 3-2 所示。

节点编号	开裂荷载（kN）		屈服荷载（kN）		破坏位移
	正向	反向	正向	反向	
JD1	65	85	180	180	$2.5\Delta_{y2}$
JD2	130	110	260	270	$2.5\Delta_{y1}$
JD3	70	60	170	190	$3\Delta_{y1}(2)$
JD4	140	60	240	260	$4\Delta_{y2}$
JD5	70	100	145	185	$3.5\Delta_{y2}$
JD6	170	90	260	300	$3\Delta_{y2}(2)$

各个节点试验过程中发生的破坏如图 3-2～图 3-16 所示：

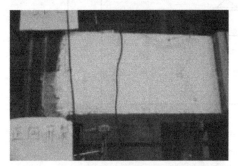

图 3-2　JD1 正向开裂图

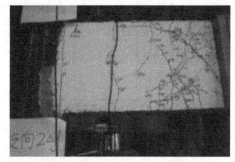

图 3-3　JD1 反向 2 倍屈服位移

图 3-4　JD1 正向 2.5 倍屈服位移

图 3-5　JD1 受剪破坏

图 3-6　JD2 反向屈服图

图 3-7　JD2 正向 2 倍屈服位移（第二圈）

图 3-8　JD2 柱边弯曲破坏

图 3-9　JD3 正向开裂图

图 3-10　JD3 正向 2.5 倍屈服位移

图 3-11　JD3 受剪破坏（正面）

图 3-12　JD3 受剪破坏（反面）

图 3-13　JD4 反向屈服

图 3-14　JD4 正向 2.5 倍屈服位移

图 3-15　JD4 反向 2.5 倍屈服位移　　　　　图 3-16　JD4 受剪破坏

3.2.2　结果分析

（1）滞回曲线

各节点的滞回曲线如图 3-17 所示：

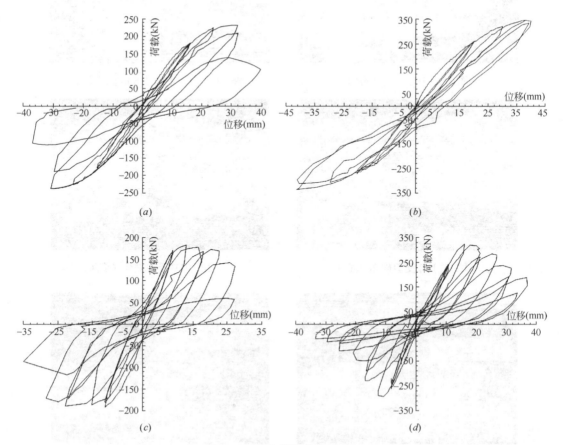

图 3-17　节点滞回曲线（一）

（a）JD1 滞回曲线；（b）JD2 滞回曲线；

（c）JD3 滞回曲线；（d）JD4 滞回曲线

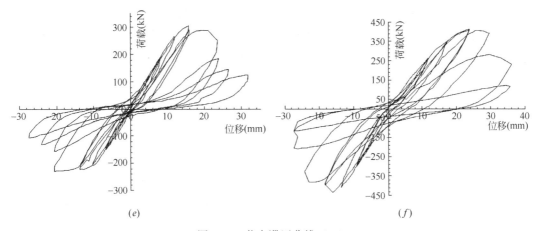

图 3-17　节点滞回曲线（二）

（e）JD5 滞回曲线；（f）JD6 滞回曲线

对比图 3-17 的滞回曲线可以看出：

节点试件在加载初期处于弹性阶段，滞回曲线的加载和卸载几乎重合，滞回环狭长，在卸载后残余变形小；而在进入弹塑性阶段后，滞回曲线开始弯曲，在卸载后残余变形增大；随着位移的不断增大，试件的滞回面积逐渐变大，且越显饱满；随着位移的继续不断增加，试件的峰值荷载开始下降，卸载后残余变形更大，滞回环更加饱满。

JD2 发生柱边的受弯破坏，其滞回曲线呈长梭形，曲线比较饱满，表现出良好的延性和耗能能力。没有楼板的 JD1 在最后一圈加载破坏前，其滞回曲线也呈梭形，同样具有很好的耗能能力。只是 JD1 的梁身混凝土被斜裂缝分割且自身破碎的现象较严重，捏拢现象比 JD2 明显。

除 JD2 的其余 5 个节点的滞回曲线也相对较饱满，只是在破坏前均出现了不同程度的水平滑移段，各自能承受的最大荷载和能达到的最大位移也不尽相同。这是由于随着梁筋屈服后的交替受力，梁上下纵筋的滑动逐步加大，滞回曲线的"再加载段"会先出现平走段，待前次反向受力卸载后未闭合的裂缝闭合后，才重新获得承载能力，才开始往当前加载方向变化。其中，以 JD4 的滑移最为明显，虽然最后能达到的极限位移较大，即位移延性很高，但耗能能力并不好。其中，带楼板、配钢板的 JD6 最后的破坏荷载最大，发生延性受弯破坏的 JD2 位移最大。

带楼板的 JD2、JD4 和 JD6 的拉压两方向滞回曲线差别较大，而不带楼板的 JD1、JD3 和 JD5 的一三象限曲线相差不大，这是由于楼板钢筋参与受拉的结果。与不带楼板的矩形截面梁相比，带楼板梁截面呈"T"形，在负弯矩作用下，不仅梁上部钢筋受拉，与上部梁平行的梁左右现浇板中一定宽度的板筋也将参与受拉，提高了该方向的抗弯承载力。分析试验现象，还可发现当梁在负弯矩作用下，上部裂缝开展得越宽，即非弹性转动越大时，裂缝向左右板内发展的长度就越大，说明更多的板筋进入协调受拉的状态。

值得注意的是，JD5 的梁下部配筋为钢板，上部仍然是普通带肋纵筋，梁的上下部钢筋不同，影响了 JD5 的滞回曲线在一三象限的差异。

JD3 和 JD4 在破坏前，梁端荷载降低相对其他节点小，说明 JD3 和 JD4 在反复荷载作用下强度退化较小。而 JD6 可明显看出梁端荷载的急剧下降，强度退化明显。

各个节点的加载曲线斜率随反复加载次数的增加而明显减小，加载刚度退化现象明显。但是 JD3 和 JD4 在最后破坏前的卸载曲线斜率几乎不变，可见这两个节点的卸载刚度退化较小。

（2）骨架曲线

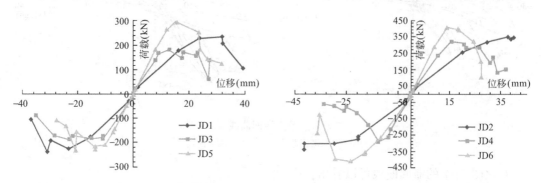

图 3-18　JD1、JD3、JD5 骨架曲线对比　　　　图 3-19　JD2、JD4、JD6 骨架曲线对比

从图 3-18、图 3-19 骨架曲线对比，可看出：

骨架曲线大致呈倒"Z"形，可见节点试件在低周反复荷载下都经历了弹性、塑性的受力阶段，在达到最大荷载之后，梁端荷载下降很小，而位移有明显增长，这表明节点具有很好的延性。

带楼板的节点 JD2、JD4、JD6 骨架曲线的正向加载刚度大于反向加载刚度，而不带楼板的 JD1、JD3、JD5 骨架曲线的正反向相差不大，说明在刚度分析时需要考虑混凝土楼板的组合作用。

梁下部配置钢板的 JD5 和 JD6 的骨架曲线均在其他节点上（下）侧和内侧，这表明了随加载位移的增加，承载力持续增加，对于相同的极限加载位移，节点 JD5 和 JD6 的极限承载力明显大于其他节点。也就是说，相对其他节点，JD5 和 JD6 的承载力更高、破坏时位移更小。同理，JD1 和 JD2 的柱分成了三段，而且柱达 2.9m 高，比其他节点更易出现轴力偏心，因此这两个节点的极限承载力最低。

（3）屈服强度、极限强度

节点试件的各特征点数值　　　　　　　　　　　　　　　　表 3-3

节点编号	加载方向	屈服点		峰值点		极限点	
		P_y (kN)	Δ_y (mm)	P_{max} (kN)	Δ_{max} (mm)	P_u (kN)	Δ_u (mm)
JD1	正向	122	10.6	231.07	31.9	196.41	32.5
	反向	−132	−10.4	−237.86	−30.9	−202.18	−27.2
JD2	正向	161	11.8	335.92	39.3	285.53	25.8
	反向	−154	−11.2	−333.98	−41.4	−283.88	−23.6
JD3	正向	96	5.5	183.50	13.0	155.97	23.2
	反向	−120	−6.8	−190.49	−11.2	−161.91	−29.2

续表

节点编号	加载方向	屈服点		峰值点		极限点	
		P_y (kN)	Δ_y (mm)	P_{max} (kN)	Δ_{max} (mm)	P_u (kN)	Δ_u (mm)
JD4	正向	163	7.2	324.27	15.9	275.63	27.0
	反向	−170	−6.3	−286.41	−12.4	−243.45	−14.0
JD5	正向	265	12.0	305.44	15.8	259.62	22.1
	反向	−179	−8.8	−228.74	−20.7	−194.43	−22.4
JD6	正向	233	10.2	413.59	23.7	351.55	30.3
	反向	−312	−10.0	−409.71	−13.7	−348.25	−22.4

从表 3-3 结果可知：

对同一构件，其两个方向的极限荷载几乎都一样，但是极限位移却相差较大，可见沿两个主轴方向的延性并不相同。

在梁、柱截面配筋相同的条件下，带有楼板的节点其屈服点、峰值点、极限点都有很大程度提高，对应的位移与不带楼板的节点相差不大。

在其他情况相同时，梁下部配筋大（如 JD5 和 JD6）的屈服荷载、峰值荷载、极限荷载比梁下部配筋少（如 JD3 和 JD4）的屈服荷载、峰值荷载、极限荷载有较大提高。

（4）节点延性

试件位移延性系数　　　　　　　　　表 3-4

节点编号	延性系数		平均延性系数
	正向	反向	
JD1	3.07	2.62	2.84
JD2	2.19	2.11	2.15
JD3	4.22	4.29	4.26
JD4	3.75	2.22	2.99
JD5	1.84	2.55	2.19
JD6	2.97	2.24	2.61

由表 3-4 可知，试验节点的平均延性系数均大于 2，满足钢筋混凝土结构位移延性系数大于 2.0 的要求，其中最大值达到了 4.26，总的平均位移延性系数为 2.84，可见所有试验节点的延性均较好。

（5）耗能能力

由表 3-5 中数据可以看出，除发生剪切破坏的 JD2 外，节点的能量耗散系数为 1.541～2.467，等效粘滞阻尼系数为 0.245～0.393。而钢筋混凝土节点的等效粘滞阻尼系数为 0.1 左右，型钢混凝土节点的等效粘滞阻尼系数为 0.3 左右，可见钢管混凝土柱混凝土梁节点的耗能能力约为混凝土节点的两倍多，最大时接近四倍，也基本达到型钢混凝土的水准。总的来说，本次试验的 6 个节点的滞回曲线均较为饱满，按滞回曲线分析得出的耗能指标满足结构抗震设计的要求。

试件耗能指标 表 3-5

节点编号	能量耗散系数 E_d	等效粘滞阻尼系数 h_e
JD1	1.541	0.245
JD2	0.723	0.115
JD3	2.301	0.366
JD4	2.467	0.393
JD5	1.822	0.290
JD6	1.766	0.281

（6）强度退化规律

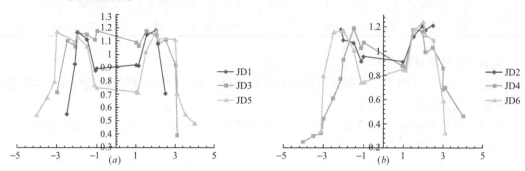

图 3-20　强度退化曲线
（a）JD1、JD3、JD5 强度退化曲线；（b）JD2、JD4、JD6 强度退化曲线

从图 3-20 可以看出，节点试件的强度在达到极限荷载后仍具有较长的水平阶段，退化并不明显，说明试件设计合理后具有良好的延性。强度的正反向退化相差不大，都比较平稳下降，没有陡降的趋势，强度退化系数几乎都在 0.7 以上，但超过 2 倍屈服位移后，强度开始明显退化破坏。由于是否带楼板对节点的位移变化影响不大，但带楼板的节点所能承受的荷载更大，所以不带楼板的节点的强度退化曲线反而更平稳。另外，对比可以发现 JD5 和 JD6 的强度下降比较明显，说明梁内配筋量对节点的承载力变化趋势有一定影响，配筋量越大，其退化越明显。

（7）刚度退化规律

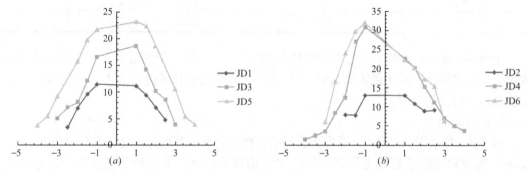

图 3-21　强度退化曲线
（a）JD1、JD3、JD5 环线刚度-位移级别关系；（b）JD2、JD4、JD6 环线刚度-位移级别关系

由图 3-21 环线刚度-位移级别关系曲线的整体走势来看，由于混凝土开裂和钢材累积损伤等因素影响，随着加载过程的进行，试件的环线刚度（K_j）不断降低。在相同配筋

的前提下，带楼板的 JD2、JD4、JD6 的刚度比不带楼板的 JD1、JD3、JD5 大，但下降更陡。另外，对于不带楼板的 JD1、JD3、JD5，由于正反向加载的受力截面、传力方式完全一样，所以正反两个方向的刚度退化趋势也非常一致；而 JD2、JD4、JD6 在正向加载时，由于上端楼板参与受拉，正向的刚度退化不如反向明显。

从上图中还可发现，JD1 和 JD2 的刚度变化不大，但都远小于其他四个节点。这是由于 JD1 和 JD2 的柱设计得较高，在试验过程中易出现轴压偏心的情况，从而影响了节点的刚度。

（8）节点梁端塑性铰区的转动

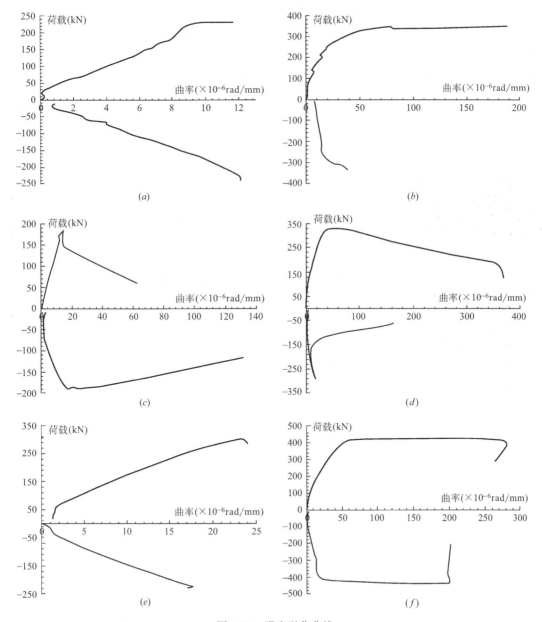

图 3-22　强度退化曲线

(a) JD1 荷载-曲率曲线；(b) JD2 荷载-曲率曲线；(c) JD3 荷载-曲率曲线；
(d) JD4 荷载-曲率曲线；(e) JD5 荷载-曲率曲线；(f) JD6 荷载-曲率曲线

从图 3-22 荷载-曲率曲线的走向可以看出，在截面开裂前，受拉区混凝土和钢筋都大致处于弹性受力状态，是全截面受力，因此截面抗弯刚度很好，即在同一弯矩增量下，曲率增量很小。直到受拉区边缘混凝土达到极限拉应变后，受拉区开裂，混凝土全部拉力转给钢筋，钢筋应变、应力骤增，截面刚度明显下降。随着弯矩增大，截面保持受拉区由钢筋承担拉力、受压区由混凝土承担压力的基本格局不变，但钢筋及混凝土拉、压应变和应力随弯矩增大，且受压区混凝土塑性性质逐渐表露，受拉区钢筋在裂缝之间的粘结也逐渐退化，这样混凝土协助钢筋承受拉力的能力逐渐衰退，钢筋在裂缝和裂缝之间的受拉更加饱满，而使得截面刚度随弯矩增大而出现一定退化。受拉钢筋屈服后，弯矩稍有增大，钢筋应变就迅速增长，因此截面刚度大幅度下降，但因受压区受力随弯矩增大而更加饱满，截面内力臂稍有增大，所以截面所抵抗弯矩随曲率增大而稍有增大。当达到截面的最大抗弯能力时，曲率再增大，受压区混凝土的抗压能力将逐步退化，截面抗弯能力逐步下降直到破坏。

由此可知，各试验节点基本符合适筋破坏特征，即两个方向的纵向受拉钢筋（或钢板）先屈服，受压边缘混凝土随后压碎，都具有较好的延性，其中以 JD2 和 JD4 的正向破坏最为明显。

对比配筋率较大的 JD4、JD6 和配筋率较小的 JD3、JD5，配筋率大的构件的破坏荷载明显比配筋率小的大很多，增幅达 25％～60％。这是由于受拉钢筋配筋率大的 JD4、JD6 的受压区面积也相应增大，即受压区高度增大，根据平截面假定的几何关系，与受拉钢筋屈服相对应的受压边缘混凝土压应变就较大，因此破坏荷载相应提高。通过对比还可知道，不带楼板的各节点两个方向的受力和破坏特点都非常相似，而带楼板的 JD2、JD4 和 JD6 的正向受力明显比反向好，这说明楼板对节点承载力的贡献非常大。

（9）钢筋应变

为了观察节点区钢筋的应变随荷载的变化情况，本试验在制作构件时在梁柱接头处的工字钢翼缘、梁箍筋、梁纵筋和板钢筋上都粘贴了应变片，现取其中具有代表性的粘贴位置（图 3-23）和相应的应变变化情况（图 3-24）表述如下。

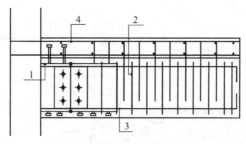

图 3-23　节点应变片粘贴编号及位置示意图

从应变变化图可以看出，楼板对钢筋应变的影响非常大。在正反向受力时，没有楼板 JD1、JD3 和 JD5 的钢筋应变变化相差不大。从图 3-23（g）可知，JD2、JD4 和 JD6 的楼板钢筋承担了部分荷载，尤其是在正向受力时，其贡献更大，于是 JD2、JD4 和 JD6 的梁纵筋和梁箍筋的应变变化不如 JD1、JD3 和 JD5 的梁纵筋和梁箍筋的应变变化大，梁支座上端的钢板翼缘应变变化也相对均匀。

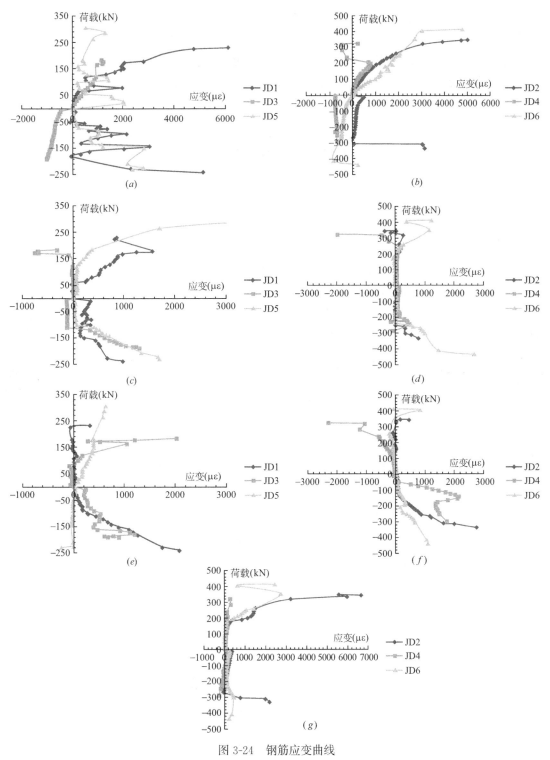

图 3-24 钢筋应变曲线

(a) JD1、JD3、JD5 应变片 1 变化曲线；(b) JD2、JD4、JD6 应变片 1 变化曲线；
(c) JD1、JD3、JD5 应变片 2 变化曲线；(d) JD2、JD4、JD6 应变片 2 变化曲线；
(e) JD1、JD3、JD5 应变片 3 变化曲线；(f) JD2、JD4、JD6 应变片 3 变化曲线；
(g) JD2、JD4、JD6 应变片 4 变化曲线

从图 3-23（e）和图 3-23（f）可以看出，梁纵筋随荷载增大的应变变化离散性大。这是由于没有按加载进程来绘图，而钢筋在反复受力过程中会反复滑动而使粘结退化，梁钢筋在屈服后可能出现屈服渗透等原因造成的。纵筋应变在开裂时出现高峰，这是因为裂缝截面的受拉混凝土已大部分退出工作，而裂缝两侧钢筋与混凝土之间的粘结也因钢筋从混凝土中的突然拔出而被破坏。

3.3 破坏机理

3.3.1 受力及传力机理

由于钢筋混凝土的传力机理较为复杂，试验则成为主要的研究手段。本试验研究的是中间层端节点，受力机理有自身的特点。这样的端节点只有一侧有梁，所以在地震作用占主导地位时，一个方向的地震作用会引起较大的梁端负弯矩（因地震负弯矩与重力荷载负弯矩叠加），另一个方向的地震作用则会引起一个绝对值比前述负弯矩小的正弯矩（因地震正弯矩与比它小的竖向荷载负弯矩叠加）。但不论是负弯矩还是正弯矩，它们在端节点中引起的剪力总比其他条件相同的两侧有梁且一侧作用较大负弯矩、另一侧作用较小正弯矩的中间层中间节点小。当梁端承受交替的正、负弯矩作用时，梁上部和下部钢筋也就处在交替的拉压状态。节点在正向加载时的受力如图 3-25 所示，梁上部纵筋受拉，通过钢接头与柱周围钢管的焊缝和柱内的衬板传入左边柱中；钢接头处承受的剪力以及下部承受的压力也通过与柱钢管的焊缝传入左柱中。以上作用力都由左柱与梁相交的节点核心区钢管混凝土来平衡，这样节点内的混凝土就处于复杂的受力状态。但这部分混凝土由于被钢管包裹，不便于观察，因此不属于本试验研究的重点。

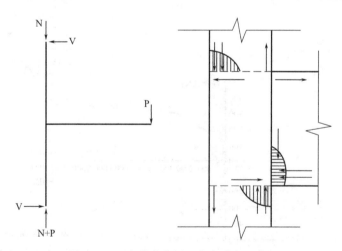

图 3-25　正向荷载作用下节点受力示意图

由试验结果知，节点主要发生在梁加载端附近的剪切破坏，因此着重讨论节点区梁的受力和破坏机理。如图 3-26 所示，在正向加载时，加载点与钢接头之间形成一个曲线形的主拱肋。斜裂缝从加载点向钢接头方向逐条自梁底边形成并斜向加载点发展后，因斜裂缝中基本都有箍筋穿过，足以负担开裂混凝土原承担的拉力，斜裂缝的宽度发展相对较慢。于是，原作用在各条斜裂缝之间的混凝土带内的斜向主压应力就可以继续维持，并随荷载增大而不断加大。于是就形成了加载荷载分别以斜压力形式传入各斜裂缝之间的混凝土条带和主拱肋。

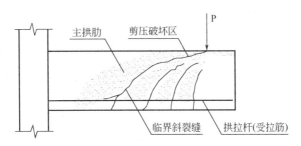

图 3-26　正向荷载作用下节点受力机理

由于加载点附近的第一条斜裂缝接近竖向布置，与此相交的箍筋只承担其所在混凝土条带斜压力的一部分竖向分量；而越靠近刚接头，斜裂缝倾角越小，箍筋不仅要负担本混凝土条带的竖向力，还要承担右侧加载点方向条带逐个传来的竖向力。因此，当荷载增大到一定值时，传力负担相对较重的靠近刚接头的箍筋会首先屈服，与此相交的斜裂缝会因箍筋的屈服后塑性伸长而迅速加宽，形成临界斜裂缝。随着裂缝的加宽，其所承担的剪力已不可能明显增大，沿斜裂缝原由骨料咬合作用承担的剪力也迅速退化。当荷载进一步增大时，剪压区混凝土的剪力负担将迅速加重，并最终导致剪压区混凝土的压、剪破坏。

值得注意的是，梁左上角的主拱肋以上的混凝土虽然不承担抗剪任务，但此处的混凝土处于负弯矩作用状态，而且主拱肋的斜压力的水平分量很有可能在钢接头处形成偏心受压，由此引起的上部混凝土中的拉应力不容小觑，甚至会出现梁端上部裂缝完全贯穿，而导致节点受弯破坏，如试件 JD2。

反向加载的受力和破坏机理类似。但当试件在拉压反复荷载作用下时，试验现象和单向受力时非常类似，但是反复荷载作用下的破坏过程更加迅速、破坏荷载也相对较低。

3.3.2　破坏过程

本试验中，除 JD2 外其余节点均已发生剪切破坏而失效。对于剪切破坏，在反复荷载作用下，节点在加载端附近的剪压区逐渐形成多条相互交叉的斜裂缝。加载至混凝土保护层剥落后，混凝土剪压区的抗剪能力会有所降低。随着荷载加大，交叉斜裂缝的宽度会增大，这使斜裂缝界面中的骨料咬合效应退化；加之斜裂缝反复开闭，混凝土破碎更严重，也加重了骨料咬合作用的退化。同时，混凝土保护层的剥落和裂缝的加宽，又使纵筋的抗剪暗销作用有一定退化。而梁沿斜截面的抗剪能力由上述剪压区混凝土的抗剪能力、沿斜裂缝的混凝土骨料咬合力、纵筋暗销力三大要素和箍筋拉力组成，虽然即使混凝土的抗剪能力已严重退化时，箍筋的屈服强度仍能较充分的发挥，但是一旦箍筋被拉断或者构件出现过大变形，将导致整个构件的受剪破坏。因此，节点发生剪切破坏的起因是作为竖向拉杆的箍筋屈服，并以主拱肋混凝土在拱肋相对薄弱部位的压剪破坏为结束。

3.3.3 楼板影响

从本次试验结果看，带楼板的节点和不带楼板的节点有很大区别，现讨论带楼板节点的受力和破坏结果与不带楼板的节点的不同。

对于带楼板节点，正向加载时，梁端受负弯矩作用，不仅梁上部钢筋受拉，与梁筋平行的梁左右现浇板中一定宽度的板筋也会参与受拉。本试验也证实，梁上部裂缝开展得越宽，即梁端在负弯矩作用下非弹性转动越大，裂缝向左右板自由发展的长度也就越大，说明有更多的板筋进入协助受拉状态。由于板筋参与受拉，带楼板的节点的抗负弯矩能力自然会有所提高，如JD2、JD4和JD6的滞回曲线在正向加载段明显比对应的JD1、JD3和JD5高。这样，带楼板节点的极限承载力相对较高，但由于梁下面没有现浇板，因此梁下部的剪切破坏会更严重，此处的混凝土保护层更容易剥落，混凝土剪压区的抗剪能力会有所降低。

而当梁端施加反向荷载后，梁肋产生弯曲，也就是上部纤维压短，下部纤维拉长。由于现浇板处于受压区，它也将被动地被肋上部压短的纤维强制产生缩短。但弹性平板在水平剪应力作用下会产生剪切变形，因此肋对现浇板的强制压短作用是从肋边向外逐步传给现浇板的。靠近肋的板纵向纤维的压缩量与肋相近，离肋越远纵向纤维压应变越小，这导致板中压应力的影响逐步向两侧现浇板扩散。通过本试验也可看到，JD2、JD4和JD6的最大正弯矩也比JD1、JD3和JD5有所提高，这说明楼板在反向加载时，仍然对节点受力有贡献作用，但由于只有肋梁上方范围不大的混凝土分担压应力，所以对承载力的提高作用不如正向加载时明显。

在设计梁端截面确定负弯矩受拉钢筋时，我国的习惯做法是不考虑与梁平行的现浇板内的钢筋的作用。但是本试验和国内外对带现浇板楼盖梁的试验都证实了，在负弯矩作用下，梁肋左右一定板宽范围内的与梁平行的板筋能协助梁上部钢筋承担负弯矩。而且还有试验证明了在梁端屈服后塑性转动不断增大时，参与和梁上部钢筋一起受拉的板筋所在的板宽会随塑性转角增大而不断加宽。美国French等还建议在梁端塑性铰转动较充分的情况下，考虑充分参与受力的板筋范围可以取成与受压时的有效翼缘宽度相同。这部分板筋提高梁截面的抗负弯矩能力的程度与上述宽度板筋数量和梁上部钢筋的比值有关，一般为10%～40%。楼板的这种有利作用在框架的中间节点和端节点都是存在的。

3.4 理论分析

3.4.1 轴压作用下劲性柱受力分析

节点区钢管混凝土柱，在初始受荷阶段，混凝土的横向变形系数小于钢管的泊松系数，因此，混凝土与钢管之间不会发生挤压（由剪切形变引起的挤压，由于不产生钢管壁环向应力，在此不考虑），钢管如同普通钢筋一样，与核心混凝土共同承受压力和剪力，如 3-27（a）。随着钢管柱纵向应变的增加，混凝土内部发生微裂缝并不断发展，横向变形不断增大，超过了钢管的横向变形，从此时开始，钢管处于纵压、环拉和剪切受力状态（径向压力较小，可以忽略），核心混凝土处于三向受压状态。如图 3-27（b）。在混凝土处于三向受压状态后，当钢管还处于弹性阶段时，钢管混凝土柱的外观体积变化不大，但当钢管达到屈服而开始塑流后，钢管柱的应变发展加剧，外观体积亦因核心混凝土微裂缝的发展而增加。在以往的节点核心区破坏试验中，可以明显观察到这种形变。在钢管混凝土梁柱节点受力分析时，由于混凝土抗拉承载力较低，一般不考虑混凝土抗拉对承载力的贡献，所以将钢管内混凝土对柱壁的侧压力等效为均匀径向压应力 p。

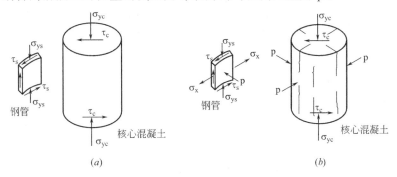

图 3-27　节点区钢管和混凝土受力示意图
（a）混凝土微裂前；（b）混凝土微裂后

　　然而，方钢管混凝土强度及承载力的计算存在多种方法，其区别在于如何估算钢管与核心混凝土之间相互约束而产生的作用效应。方钢管对内部混凝土的约束力很不均匀，角部的混凝土受到的约束力较强，而与管壁中间接触的混凝土受到的约束力较弱，据此将其分为有效约束区与非有效约束区（图 3-28）。

　　本书引入等效约束折减系数 ξ，将方钢管对混凝土的约束作用等效为圆钢管对混凝土的约束，该系数与方钢管厚边比系数 υ（$\upsilon=t/B$，t 为方钢管壁厚，B 为方钢管边长）有关。本文节点因在钢管内部焊接了十字加劲板，管壁中间接触的混凝土也能受到有效约束，折减

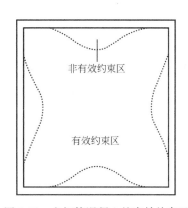

图 3-28　方钢管混凝土的有效约束区

系数 ξ 在原来基础上有所提高。采用面积等效的方法将外方钢管等效为圆钢管进行分析计算，如图 3-29 所示，等效面积计算见式（3-1）、式（3-2）。

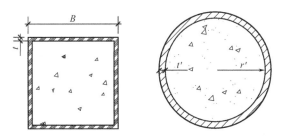

图 3-29　方钢管混凝土截面面积等效示意图

等效圆钢管的参数为：

$$\pi r'^2 = B^2 \qquad \pi\ (r'-t')^2 = (B-2t)^2 \tag{3-1}$$

$$r' = B/\sqrt{\pi} \qquad t' = r' - (B-2t)\ /\sqrt{\pi} \tag{3-2}$$

其中，B——方钢管的边长；

$\quad\quad t$——方钢管壁厚；

$\quad\quad r'$——等效圆钢管的半径；

$\quad\quad t'$——等效圆钢管的壁厚。

由上分析可知，钢管内的环向应力 $\sigma_{\theta t}$ 是由柱子轴向压力产生的，与弯矩和剪力无关。所以可以对轴压短柱进行分析，来确定 $\sigma_{\theta t}$。将方钢管等效为圆钢管，钢管混凝土横截面受力如图 3-30 所示。钢管混凝土柱在竖向轴力和梁端荷载作用下，内部混凝土受到外层钢管对其的约束作用，产生侧压力 p，同时钢管柱壁也受到混凝土对其的侧压力。根据静力平衡原理，钢管环向产生拉应力 $\sigma_{\theta t}$，计算如下：

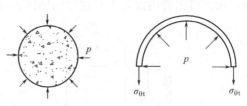

图 3-30　钢管混凝土截面受力分析
（a）混凝土；（b）等效钢管

$$p \cdot 2r' = \sigma_{\theta t} \cdot 2t' \tag{3-3}$$

则钢管环向拉应力为：

$$\sigma_{\theta t} = p \cdot r'/t' \tag{3-4}$$

因为 $r' \gg t'$，所以钢管受力状态中，环向拉应力 $\sigma_{\theta t}$ 先达到极限强度。

3.4.2　节点核心区抗剪受力分析

聂建国等通过大量试验数据的比对和深入的研究，将钢管混凝土柱节点的抗剪受力过程划分为 5 个阶段。图 3-31 即为试验中较为典型的方钢管混凝土节点剪力 Q_j-剪切变形 γ_j 曲线。

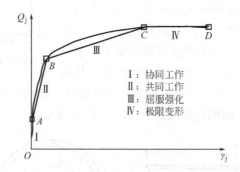

Ⅰ：协同工作
Ⅱ：共同工作
Ⅲ：屈服强化
Ⅳ：极限变形

图 3-31　典型钢管混凝土节点剪力 Q_j—剪切变形 γ_j

第Ⅰ阶段（协同工作阶段）：从开始施加荷载，到节点核心区混凝土达到峰值剪切变形之前，混凝土都能够与柱钢管壁一起，作为一个整体截面，协同参与工作，两者的变形和工作机制几乎完全一样。这一阶段，由于混凝土具有较大的截面积和相对较大的剪切模量，因此节点表现出很大的抗剪刚度，剪力-剪切变形曲线几乎垂直上升。

第Ⅱ阶段（共同工作阶段）：随着荷载增加，节点的剪切变形加大，当节点核心区混凝土达到峰值剪切变形之后，截面上剪切应力已经不随剪切变形的增加而明显增加。这一阶段混凝土对节点抗剪刚度的贡献，逐渐变为主要以斜压杆的抗压模式来体现。这一阶段，核心区混凝土与钢管混凝土柱翼缘共同承担截面剪力。随着荷载继续增加，钢管腹板剪切变形继续发展，最终达到屈服。这时曲线斜率明显下降。

第Ⅲ阶段（屈服强化阶段）：钢管腹板剪切屈服之后，节点在剪力作用下进入屈服强化阶段。这一阶段，钢管腹板进入强化阶段，抗剪模量大为降低，因而截面抗剪刚度下降，剪切变形发展迅速。但由于钢管腹板的强化，斜压杆混凝土所能承担的压力也有所增加，因此，这一阶段节点剪力有所增加。

第Ⅴ阶段（极限变形阶段）：节点剪切变形进一步增加，钢管腹板达到抗剪极限强度，此后将主要以拉力带的方式参与工作，通过提供斜向的拉力来参与抗剪，核心区混凝土也已经接近或者达到极限状态。这一阶段，节点剪切变形已经颇为可观，而且发展迅速，但随着节点剪切变形的增加，节点剪力几乎不会增加，甚或会有下降。但由于钢材具有很好的变形性能，同时钢管壁对核心区混凝土具有很好的约束作用，节点变形仍有较大的发展空间。

在轴压及梁端竖向荷载作用下，钢管混凝土柱节点核心区抗剪受力较为复杂，根据节点域剪力传递路径分析，除了方钢管柱腹板与核心区混凝土提供剪力以外，其中平行于柱腹板的十字板因穿过了柱翼缘而成为钢接头腹板，所以同时还要考虑该方向十字板对抗剪承载力的贡献。

3.4.3　节点梁端抗弯承载力受力分析

从试验结果看，带楼板的节点和不带楼板的节点有很大区别：梁端受负弯矩作用，与梁筋平行的梁左右现浇板中一定宽度的板筋会参与受拉；梁端受正弯矩作用，混凝土楼板在一定范围内部分参与受压。混凝土楼板的这种有利作用在框架的中间节点和端节点都是存在的。本书根据方钢管混凝土柱-钢接头梁节点特点，计算时考虑混凝土局部受压、栓钉剪切等因素对节点承载力的影响，加入混凝土楼板及楼板钢筋的贡献，对此类型节点的梁端截面进行抗弯承载力分析。不带楼板的节点则可以直接参照型钢混凝土组合结构技术规程中梁正截面受弯承载力的计算方法。

3.5　数　值　分　析

3.5.1　模型建立

装配式节点采用 ABAQUS 建模，采用实体单元、杆单元及接触单元对装配式节点进行有限元分析。有限元建模中对柱钢管采用 8 节点 6 面体线性减缩积分的三维实体单元（C3D8R），而钢管内核心混凝土也采用（C3D8R）的三维实体单元。因梁内纵筋考虑到与混凝土之间的黏结滑移效应，所以梁内纵筋、梁混凝土都采用 C3D8R 的三维实体单元节点有限元模型如图 3-32 所示。

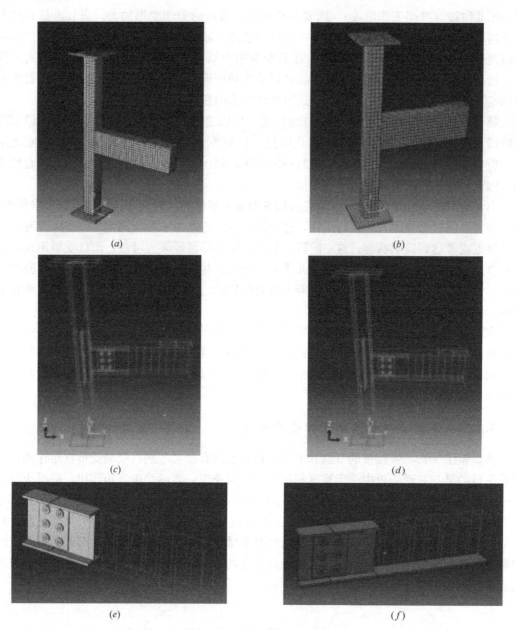

图 3-32 带钢接头节点数值模型

(a) A 型节点模型；(b) B 型节点模型；(c) A 型节点内部钢骨架；
(d) B 型节点内部钢骨架；(e) A 型节点梁内部钢骨架；(f) B 型节点梁内部钢骨架

3.5.2 有限元模型验证

（1）骨架曲线

在滞回曲线大致吻合的前提下，取各个试件梁的骨架曲线进行对比分析。有限元模拟荷载-位移骨架曲线与试验骨架曲线的对比，数值模拟骨架曲线与试验骨架曲线基本吻合，多数试件的数值模拟骨架曲线荷载值略高于试验骨架曲线荷载值。

　　数值模型计算所得荷载-位移骨架曲线与试验所得荷载-位移骨架曲线的对比如图 3-33 所示，从图中可以看出，尽管计算曲线在峰值点后下降段曲线与试验曲线还存在一定差异，但总体来看，在构件刚度、屈服荷载、峰值荷载及对应位移方面，计算结果和实测结果较为吻合，可在该数值模型的基础上对该类构件进行进一步的研究分析。

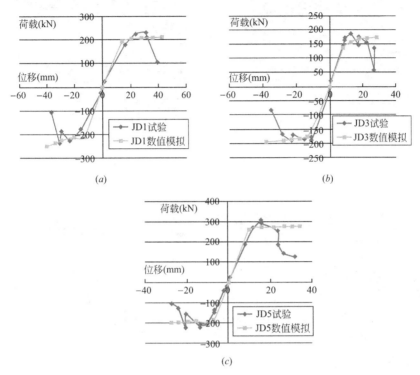

图 3-33　数值模拟和试验结果对比
(*a*) JD1；(*b*) JD3；(*c*) JD5

（2）试件破坏形态对比

　　带钢接头连接节点数值模型及试验加载典型变形图见图 3-34～图 3-36。由图可知，带钢接头的节点数值模型破坏形态与试验构件的破坏形态比较一致：在梁端竖向往复荷载作用下，由于型钢混凝土梁段的刚度明显大于钢筋混凝土梁段的刚度，型钢混凝土梁段的弯剪变形明显小于钢筋混凝土梁段的弯剪变形，与节点试验实测破坏形态相符合。带型钢接头节点数值模型型钢-钢筋骨架 Mises 应力云图如图 3-35 所示，在钢筋混凝土梁段受到较严重破坏时，型钢混凝土梁段仍较为完好；在模型濒临破坏时，对于 A 型节点（梁上下均配纵向钢筋），型钢混凝土梁段与钢筋混凝土梁段交界位置处的纵向钢筋呈暗红色，已进入屈服状态，型钢-钢筋骨架的其余部分仍未进入屈服，保持着良好的工作状态，由此可知，与试验实测破坏形态相符，数值模型的破坏亦发生于型钢混凝土梁段与钢筋混凝土梁段交界位置处；对于 B 型节点（梁上部配纵向钢筋，下部为拉通钢板），型钢混凝土梁段与钢筋混凝土梁段交界位置处的纵向钢筋呈暗红色，已进入屈服，其次，型钢混凝土梁段与方钢管混凝土柱连接部位的型钢混凝土梁段型钢翼缘以及型钢混凝土梁段与钢筋混凝土梁段交界位置处的延伸钢板应力较大，但仍未进入屈服状态，由此可知，与试验实测破坏形态相符，B 型节点数值模型的破坏亦发生于型钢混凝土梁段与钢筋混凝土梁段交界位置处。

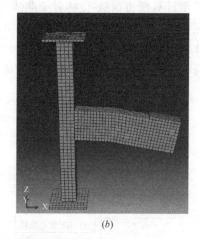

图 3-34　带钢接头节点数值模型变形图

（*a*）A 型节点变形图；（*b*）B 型节点变形图

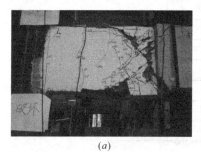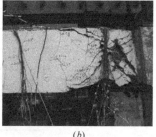

图 3-35　带钢接头节点试件试验加载变形图

（*a*）A 型节点；（*b*）B 型节点

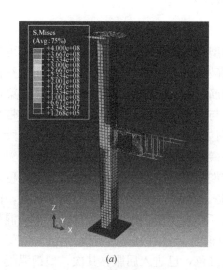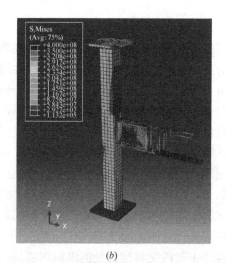

图 3-36　带钢接头节点数值模型型钢-钢筋骨架 Mises 应力云图（一）

（*a*）A 型节点；（*b*）B 型节点

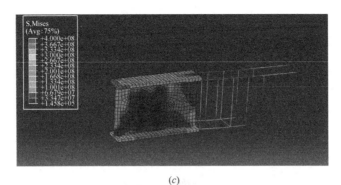

(c)

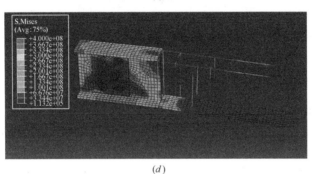

(d)

图 3-36　带钢接头节点数值模型型钢-钢筋骨架 Mises 应力云图（二）

（c）A 型节点梁段内部钢筋骨架；（d）B 型节点梁段内部钢筋骨架

3.5.3　节点抗震性能影响参数分析

（1）轴压比对节点抗震性能影响

不同柱顶轴力作用下，节点数值模型荷载-位移骨架曲线、初始刚度、屈服荷载及极限荷载分别如图 3-37 所示。从图中可看出，对装配式带钢接头节点，不同柱顶轴力作用下，构件的初始刚度随着柱顶轴力的增加而增加，构件的屈服荷载和极限荷载随着柱顶轴力的增加有所降低，但降低并不十分显著。

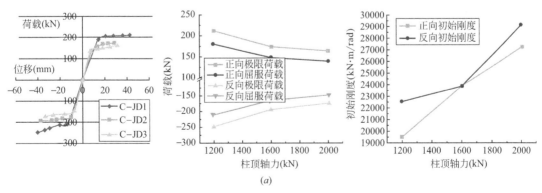

(a)

图 3-37　带钢接头节点不同柱顶轴力下节点参数结果的对比（一）

（a）A 型节点

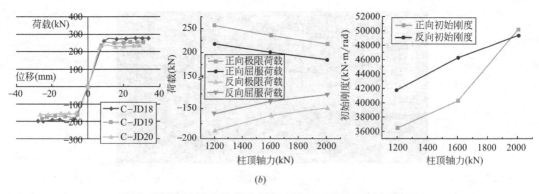

图 3-37　带钢接头节点不同柱顶轴力下节点参数结果的对比（二）

（b）B 型节点

（2）梁配筋率对节点抗震性能影响

不同柱顶轴力作用下，节点数值模型的荷载-位移骨架曲线、初始刚度、屈服荷载及极限荷载分别如图 3-38 所示。由此可知，对装配式带钢接头节点，不同梁配筋率工况下，A 型节点的初始刚度随着梁配筋率的增加而增加，B 型节点的初始刚度在某一梁配筋率处达到极大值（或极小值）。构件的屈服荷载和极限荷载随着梁配筋率的增加而增加。

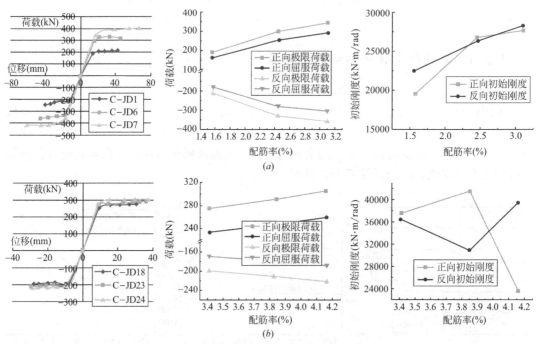

图 3-38　带钢接头节点不同配筋率下节点参数结果的对比

（a）A 型节点；（b）B 型节点

（3）钢接头长度对节点抗震性能影响

不同钢接头长度工况下，装配式带钢接头节点数值模型分析结果如图 3-39 所示，由图可知，随着型钢梁段长度的增加，构件的屈服荷载和极限荷载有所增加，这是由于钢筋混凝土梁段截面达到极限弯矩是构件破坏的主因，在竖向荷载一定的情况下，随着型钢梁段长度的增加，钢筋混凝土梁段的长度有所减小，其截面所承受的最大弯矩有所减小。

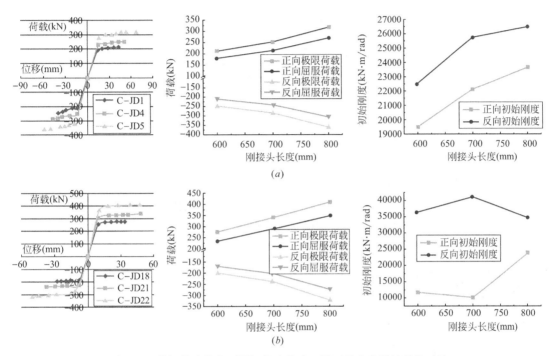

图 3-39　带钢接头节点不同钢接头长度工况下节点参数结果的对比
（a）A型节点；（b）B型节点

（4）混凝土强度对节点抗震性能影响

不同混凝土强度工况下，节点数值模型的荷载-位移骨架曲线、初始刚度、屈服荷载及极限荷载如图 3-40 所示。由此可知，对装配式带钢接头节点，不同混凝土强度等级工况下，构件的屈服荷载和极限荷载随着混凝土强度等级的增加而增加，节点的初始刚度总的来说随着混凝土强度等级的增加而增加。

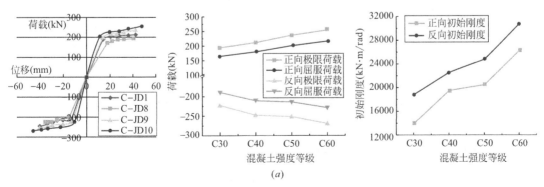

图 3-40　带钢接头节点不同混凝土等级工况下节点参数结果的对比（一）
（a）A型节点

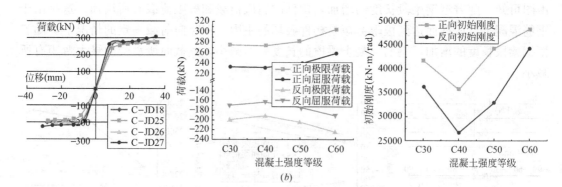

图 3-40 带钢接头节点不同混凝土等级工况下节点参数结果的对比（二）
（b）B 型节点

（5）钢筋强度对节点抗震性能影响

不同纵筋强度等级工况下，装配式带钢接头节点数值模型荷载-位移骨架曲线、初始刚度、屈服荷载及极限荷载如图 3-41 所示。由此可知，对装配式带钢接头节点，不同纵筋强度等级工况下，构件的屈服荷载和极限荷载随着纵筋强度等级的增加而增加，节点的初始刚度总的来说随着纵筋强度等级的增加而增加。

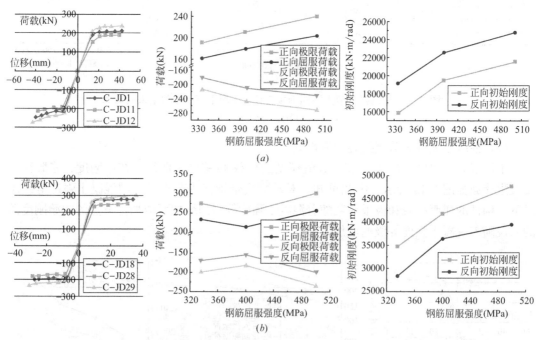

图 3-41 带钢接头节点不同纵筋强度等级工况下节点参数结果的对比
（a）A 型节点；（b）B 型节点

（6）柱方钢管壁厚对节点抗震性能影响

不同柱方钢管壁厚工况下，节点数值模型的荷载-位移骨架曲线、初始刚度、屈服荷载及极限荷载如图 3-42 图示所示。可见，对装配式带钢接头节点，不同柱方钢管壁厚工况下，构件的屈服荷载和极限荷载随着柱方钢管壁厚的增加而增加，节点的初始刚度随着柱方钢管壁厚的增加而增加。

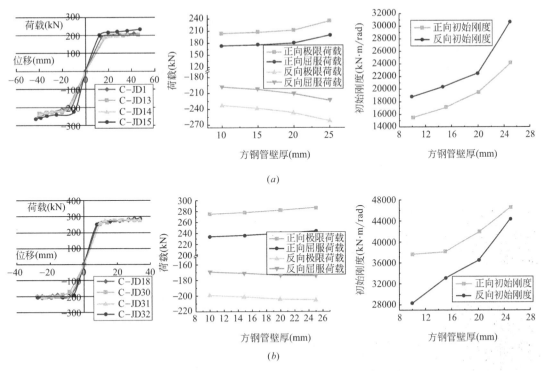

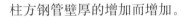

(a)

(b)

图 3-42 带钢接头节点不同柱方钢管壁厚工况下节点参数结果的对比

(*a*) A 型节点；(*b*) B 型节点

（7）十字加劲板厚度对节点抗震性能影响

带钢接头梁柱节点十字加劲板厚度不同情况下，数值模型荷载-位移骨架曲线如图 3-43 所示，由图可知，随着十字加劲板厚度的增加，构件的初始刚度有所增加，但构件的屈服荷载和极限荷载并无明显差别，这是因为钢筋混凝土梁段的破坏是造成整个构件破坏的主要原因，在钢筋混凝土梁破坏时，方钢管柱、十字加劲板及梁型钢接头均保持良好的工作状态。

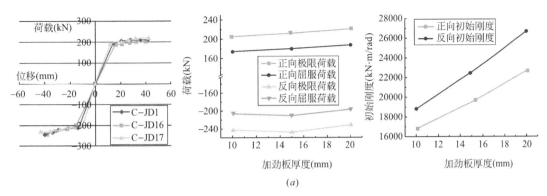

(a)

图 3-43 带钢接头节点不同加劲板厚度工况下节点参数结果的对比（一）

(*a*) A 型节点

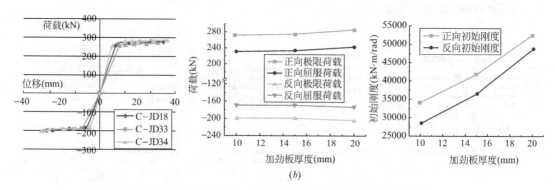

图 3-43 带钢接头节点不同加劲板厚度工况下节点参数结果的对比（二）

（b）B 型节点

3.6 本章小结

本章对装配式劲性柱混合梁框架结构梁柱节点的性能进行了研究，主要内容如下：

（1）通过梁柱节点拟静力试验，验证了该结构节点具有较好的延性，耗能指标满足结构抗震设计的要求，得到了节点在拟静力作用下的破坏机理：节点破坏主要是发生在梁加载端附近的剪切破坏，而节点发生剪切破坏的起因是作为竖向拉杆的箍筋屈服，并以主拱肋混凝土在拱肋相对薄弱部位的压剪破坏为结束。

（2）结合试验结果，本书对梁柱节点的受力进行了理论分析，根据轴压作用下劲性柱受力分析，引入等效约束折减系数 ξ，将方钢管对混凝土的约束作用等效为圆钢管对混凝土的约束，采用面积等效的方法将外方钢管等效为圆钢管进行分析计算，使得试验及理论分析成果同时适应于方钢管和圆钢管柱；节点核心区抗剪受力，除了方钢管柱腹板与核心区混凝土提供剪力以外，其中平行于柱腹板的十字板因穿过了柱翼缘而成为钢接头腹板，所以同时还要考虑该方向十字板对抗剪承载力的贡献；节点梁端抗弯承载力考虑了混凝土局部受压、栓钉剪切等因素对节点承载力的影响，同时也加入混凝土楼板及楼板钢筋的贡献。

（3）通过建立梁柱节点有限元模型，确定了不同参数对梁柱节点性能的影响，为节点设计提供了数据支持和理论依据。

第4章 混合梁性能

混合梁为两端设置工字形钢接头的钢筋混凝土梁，其结构形式不同于传统的钢筋混凝土梁和钢梁，因此其性能需要进一步的研究。本章进行了混合梁的抗弯、抗剪试验，得到了混合梁的荷载-挠度曲线及钢筋应变等；通过理论分析和数值分析，确定了工字型钢接头的合理长度范围。

4.1 试 验 方 案

4.1.1 试件设计

试验设计了抗弯和抗剪两大类试件其中抗弯梁2根、抗剪梁4根，共6根试验梁，截面尺寸均为200mm×400mm，梁长均为3300mm。抗弯试验采用简支梁受弯构件，中间纯弯段内仅配受力主筋，不设箍筋；抗剪试验考虑不同剪跨比的影响，按标准试验方法选取试验剪跨比为2.4和1.6。梁混凝土等级为C30，配筋为HRB400级钢筋，梁内钢板为Q345B级钢。各试件的编号、尺寸以及配筋如表4-1所示：

试验梁尺寸及配筋情况　　　　　　　　　　　　表4-1

梁编号	截面(b×h) (mm×mm)	长度 (mm)	下部配筋	设计类型	剪跨比
L1	200×400	3300	钢筋2Φ20	抗弯	无
L2	200×400	3300	钢板－130×15×3260	抗弯	无
L3	200×400	3300	钢筋2Φ20	抗剪	2.4
L4	200×400	3300	钢板－130×15×3260	抗剪	2.4
L5	200×400	3300	钢筋2Φ20	抗剪	1.6
L6	200×400	3300	钢板－130×15×3260	抗剪	1.6

4.1.2 加载方案

本次试验采用500kN油压千斤顶、通过分配钢梁进行两点对称加载。对抗弯试件，按三分点进行加载，在构件中部形成较大的纯弯段，在此段内弯矩不变且不受剪力影响，便于裂缝观察及计算。对抗剪构件，按试验标准规定的梁剪跨比1.5～2.5的限制，取试验剪跨比为2.4和1.6，再按此荷载作用位置通过分配梁对称加载。另外，梁支座各留出150mm，并在试件支座处以及加载点处设置了钢垫板，以避免在加载过程中试件被局部压碎。试验加载装置如图4-1所示：

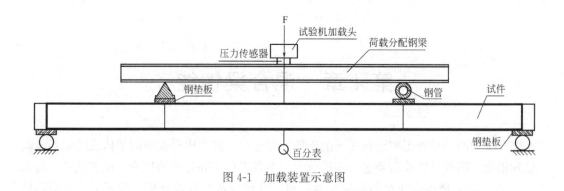

图 4-1　加载装置示意图

4.2　试　验　结　果

4.2.1　试验现象

（1）试验梁 L1

L1 为抗弯试件。当加载至 20kN 时，梁跨中纯弯段内的受拉区边缘混凝土达到极限拉应变，梁前后两侧都相继出现了 3 至 4 条竖向发展的裂缝。在裂缝截面中，受拉区基本上只由钢筋受拉，混凝土退出工作；而在裂缝与裂缝之间，由于有粘结效应，受拉区混凝土还会分担少量拉力。随着荷载的增加，裂缝只出现在纯弯段内，并且扩展较快，发展方向与梁底面几乎垂直（图 4-2（a））。荷载达到 50kN 以后，在加载点处向梁底的应力扩散线上出现了斜向裂缝，继续加载，裂缝向梁顶部和加载点延伸、加宽，斜向裂缝有逐渐相连成为主斜裂缝的趋势。当荷载达到 118kN 时，梁跨中受压区的横向裂缝迅速开展并前后贯通，加载点附近的混凝土达到极限压应变而被压碎，梁明显向下弯曲，试件被弯坏。

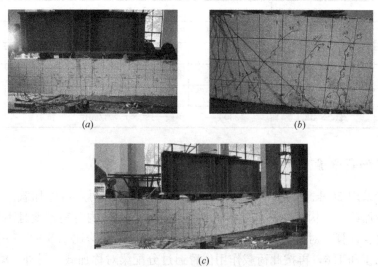

图 4-2　L1 破坏过程
（a）纯弯段内裂缝竖向开展；（b）裂缝斜向开展；（c）受弯破坏

（2）试验梁 L2

L2 是抗弯试件，但下部配筋是钢板，承载力会比 L1 高。因此，当加载至 50kN 时，梁跨中纯弯段内的受拉区才出现了多条竖向发展的裂缝。由于受拉区基本上只由钢筋受拉，混凝土退出工作，因此随着荷载的增加，裂缝在纯弯段内竖向延伸发展，基本无新增裂缝，裂缝间距不变（图 4-3（a）和图 4-3（b））。荷载达到 80kN 以后，梁底出现了向加载点延伸发展的斜向裂缝。继续加载至 246kN 时，梁受压区迅速出现多条横向长裂缝，混凝土大面积被压碎并掉落，露出向外鼓出的受压钢筋，支座处混凝土被局部压碎，试件被弯坏。

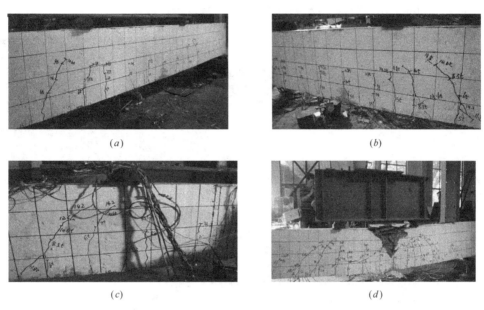

图 4-3 L2 破坏过程

（a）纯弯段裂缝开展（正面）；（b）纯弯段裂缝开展（背面）；
（c）加载点斜裂缝开展；（d）梁弯曲破坏

（3）试验梁 L3

L3 是抗剪试件，其破坏模式和抗弯试件有相同之处也有不同之处。在纯弯段内，由于截面各点的剪应力为零，所以梁下部的主拉应力和梁上部的主压应力迹线都沿水平方向；在从集中荷载到支座的区段，因有剪力作用，其主拉应力从梁上表面（剪应力为零）沿竖直方向作用，变到在中性轴处（主应力为零）沿 45°方向，再变到在梁下边缘（剪应力又为零）沿水平方向作用。但是和抗弯梁一样，纯弯段的受拉区混凝土中的水平方向的主拉应力是最大的，因此会首先在跨中出现垂直于主拉应力方向的裂缝，即竖向裂缝。

当加载至 35kN 时，梁跨中受拉区边缘的混凝土达到了极限拉应变，出现了多条竖向裂缝。由于从支座到加载点处的截面中剪力保持不变，而弯矩则逐步增大，因此靠近集中荷载作用截面的主拉应力也相对较大，并向支座方向逐渐变小。随着荷载的增大，当纯弯段以外集中荷载作用截面附近的混凝土拉应变达到了极限值后，就开始出现了竖向弯曲裂缝，而且出现部位一根比一根更靠近两端支座，见图 4-4（a）。当荷载达到

55kN后，受主拉应力作用方向的影响，竖向裂缝向上逐步转为斜向发展，即形成"弯剪斜裂缝"。

继续加载，离支座近端的截面作用弯矩和剪力增长不明显，因此不再出现新的斜裂缝，原有裂缝逐渐加宽延伸发展。与纯弯段内的竖向弯曲裂缝相比，弯剪斜裂缝在箍筋开始进入屈服状态之前发展相对缓慢，在箍筋陆续进入屈服后才迅速加宽延伸，具有"先偏慢、后偏快"的特点。当荷载加至146kN时，原有裂缝在中性轴以上出现了"Y"形分叉，跨中下端的裂缝也明显加宽；继续加载至148kN时，跨中受拉区的两条竖向裂缝前后贯通；在加载至150kN的过程中，跨中迅速出现很多细小裂缝，右侧加载点处混凝土也随之向上、向外鼓出并脱落，梁挠度明显增大，试件梁被弯坏。

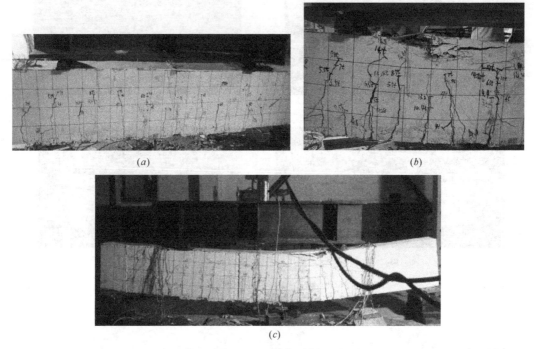

图 4-4　L3 破坏过程

(a) 纯弯段开裂；(b) 加载点局部破坏；(c) 挠度明显增大

（4）试验梁 L4

L4 下部配置钢板，当加载至 60kN 时，梁跨中受拉区才出现了多条竖向裂缝。随着荷载增大，竖向裂缝由加载点向两端递增出现，见图 4-5（a）。荷载达到 85kN 后，裂缝稳定，暂无新增。随着荷载的加大，有少许细小裂缝出现，原有裂缝向跨中斜向延伸并部分加宽，形成弯剪斜裂缝，并大范围开展，见图 4-5（b）。当荷载加至 216kN 时，能听到钢筋和混凝土粘结滑移的脆响声，且能用肉眼看出梁下弯现象。继续加载，斜裂缝开始锯齿状发展。在加载至 286kN 的过程中，梁跨中受拉裂缝从下到上贯穿，最下端边缘宽度达 3～4mm，见图 4-5（c），梁上端混凝土被压碎，有一大块混凝土被完全剥离开，露出里面的混凝土骨料，梁中间混凝土也往外鼓出并掉落，见图 4-5（d）。试件梁明显弯曲，发生弯曲破坏。

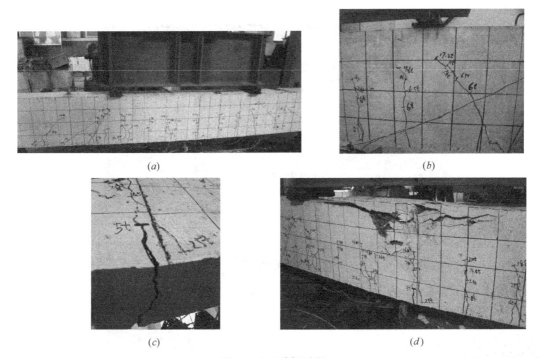

图 4-5　L4 破坏过程

（a）斜裂缝开展；（b）弯剪斜裂缝；（c）跨中贯通裂缝；（d）跨中混凝土被压碎

（5）试验梁 L5

L5 的剪跨比减小为 1.6，纯弯段较之前试验梁都长。但开裂荷载和之前试验梁相比并无太大差别，当荷载加至 40kN 时，在梁跨中受拉区出现了 2～3 条竖向裂缝。随着荷载加大，纯弯段出现了大量的受弯裂缝，裂缝间隔约 10cm，基本都沿竖向开展，弯剪斜裂缝的开展现象不明显，更接近为斜压破坏模式，见图 4-6（a）。直到加载至 192kN 后，才新增大量裂缝，在加载点附近才出现了长斜裂缝。最后荷载达到 208kN 时，在原有的竖向裂缝附近迅速新增大量的细小裂缝，在跨中靠近加载点附近的受压区混凝土被压碎，出现很长的水平向裂缝，混凝土被剥离掉落，同时听到钢筋被拉断声，试件被弯坏。

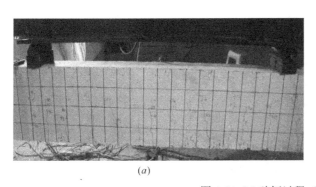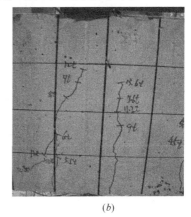

图 4-6　L5 破坏过程（一）

（a）竖向裂缝开展；（b）加载点斜向裂缝开展

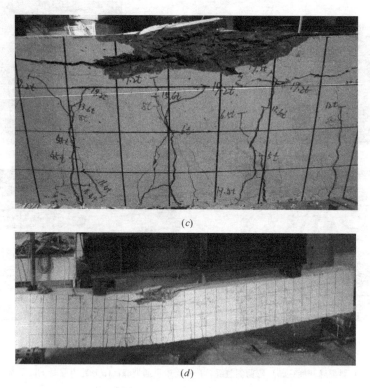

(c)

图 4-6　L5 破坏过程（二）

（c）受压区混凝土被压碎；（d）受弯破坏

（6）试验梁 L6

L6 是设计承载力最高的构件。开裂荷载为 60kN，和之前的构件一样，在纯弯段首先出现 2～3 条细短的竖向受弯裂缝，见图 4-7（a）。随着荷载增大，纯弯段竖向裂缝数量增多，并且基本在垂直方向向上发展，裂缝间距约为 20cm，见图 4-7（b）。当荷载加大至 152kN 时，在加载点和支座连线处开始出现斜向裂缝（图 4-7（c）），受拉区最边缘两侧的竖向裂缝已在梁底贯通。继续加载至 32kN 时，加载点和支座的斜压带上出现了多条相互连接的长斜裂缝，斜裂缝明显开展，如图 4-7（d）和图 4-7（e）所示。最后至荷载加至 440kN 时，梁跨中靠近上端加载点处的混凝土被压溃，混凝土鼓出并掉落，露出往外鼓出的上部纵筋，试件被弯坏，见图 4-7（f）。

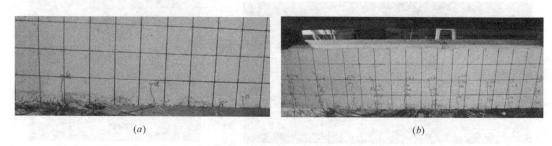

(a)　　　　　　　　　　　　　　　　　(b)

图 4-7　L6 破坏过程（一）

（a）开裂；（b）竖向裂缝发展

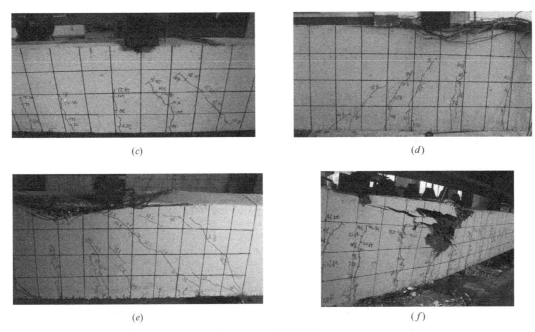

图 4-7 L6 破坏过程（二）
（c）出现斜裂缝；（d）加载点左支座连线斜裂缝；
（e）加载点右支座连线斜裂缝；（f）受弯破坏

4.2.2 试验结果分析

（1）荷载-挠度曲线

梁在弯矩作用下会因挠曲产生垂直于轴线的线位移，从而具备抵抗变形的能力，即截面刚度。荷载-挠度曲线能很好地描述梁挠度随荷载的变化情况，以此反应截面刚度的变化。本次试验取跨中截面为分析对象，得出六根梁的荷载-跨中挠度曲线，如图 4-8 所示。

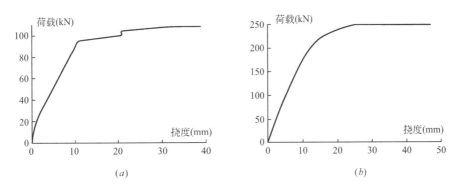

图 4-8 荷载-挠度曲线（一）
（a）L1 荷载-挠度曲线；（b）L2 荷载-挠度曲线

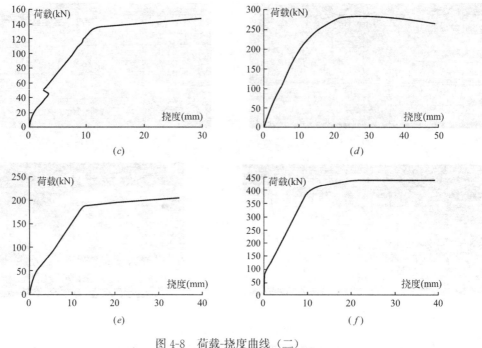

图 4-8　荷载-挠度曲线（二）

（c）L3 荷载-挠度曲线；（d）L4 荷载-挠度曲线；

（e）L5 荷载-挠度曲线；（f）L6 荷载-挠度曲线

对比荷载-挠度曲线可以看出：

荷载-挠度曲线基本都经历了以下 3 个阶段：①开裂前，各试件的荷载-挠度曲线均为直线，并且斜率几乎一致，由表 4-1 可知，配置钢板的试验梁的开裂荷载要比普通钢筋的高些；②开裂后的裂缝扩展阶段，该阶段曲线斜率有所降低，这是由于混凝土随着开裂逐渐退出工作造成的；③裂缝稳定后的强化阶段，该阶段未出现新的裂缝，和斜裂缝相交的箍筋屈服，并伴随有钢筋的粘结滑移和裂缝宽度的扩展。

承载力在极限破坏前瞬间停滞，而挠度大幅度增长。这是由于此时迅速新增大量细小裂缝，消耗了能量，梁身变形明显。这也说明了试验梁的变形能力很好，都具有很好的延性。

下部配筋为钢板的 L2、L4 和 L6 虽然极限荷载较下部配筋比普通钢筋的 L1、L3 和 L5 高，在箍筋屈服前的刚度也相对较大，挠度随荷载的变化更连续均匀，荷载-挠度曲线也更饱满，但同时挠度也相对较大。所以，增大配筋率虽然会增大正截面承载力，但不一定会满足挠度要求，也就是说不能盲目地用增大配筋率的方法来解决挠度不足的问题。

对比剪跨比为 2.4 的 L3、L4 和剪跨比为 1.6 的 L5、L6，可以看出，剪跨比小的试件破坏模式接近斜压破坏，其斜截面的承载力比剪跨比大的试件大，但达到峰值时的跨中挠度都基本在 10～20mm。

所有试件的破坏基本都是由受压区混凝土压碎而造成的，而抗弯试件 L1、L2 由于纯弯段没有箍筋的约束作用和分担受力，所以抗弯试件的承载力较其他抗剪试件低，延性也不如其他试件好。

（2）试验梁 L1、L2 跨中钢筋（板）应变

为了对比抗弯构件的承载力，本试验在抗弯梁跨中的受拉钢筋（板）和受压钢筋上粘贴了应变片，其应变随荷载的变化情况如图 4-9 所示。

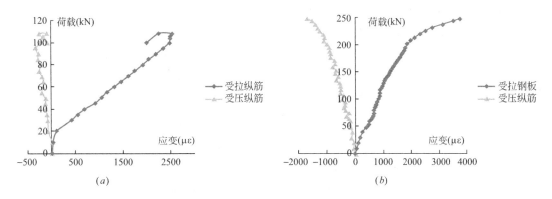

图 4-9　应变随荷载的变化

（a）L1 纵筋跨中应变随荷载的变化；（b）L2 纵筋跨中应变随荷载的变化

从以上应变变化图可看出：

受拉钢筋和受压钢筋的应变都随荷载增大而增大，但增大的幅度随受力阶段和配筋的不同而不同。在混凝土开裂前，钢筋和混凝土协同受力，应变呈线性增长；裂缝出现后，受拉区裂缝截面处混凝土退出工作，钢筋承担主要拉力，因此钢筋应变稳步增大，L1 中的受拉钢筋的增大幅度更加明显；随着荷载进一步加大，受拉钢筋逐渐屈服并达到极限状态，应变随荷载增加而大幅度增大。但对于受压钢筋，由于混凝土的抗压强度很好，能与钢筋长时间协调受力，因此受压钢筋的应变增长并不明显。

对比受拉区配钢板的 L2 和配普通钢筋的 L1，L2 的极限承载力和延性都较好。L2 受拉区及受压区的钢筋，都经历了屈服后的下弯段，充分发挥了塑性变形能力，使得整个梁具有很好的延性。而 L1 的钢筋应变在处于上升段时就已发生破坏，延性发挥得不充分。

（3）抗剪梁 L3、L4、L5 和 L6 跨中钢筋（板）应变

为了对比抗剪构件的承载力，本试验在抗剪梁的跨中受拉区的钢筋（板）上也粘贴应变片，其应变值随荷载的变化情况如图 4-10 所示。

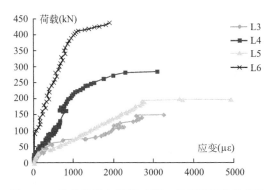

图 4-10　抗剪梁跨中钢筋（板）应变随荷载的变化

由此可知：和抗弯构件一样，抗剪构件受拉区的纵筋应变随荷载的变化大致符合"三折线"模型，都经历了线弹性变形、直线上升、屈服后下弯的过程。下部配置钢筋的 L3 和 L5 的钢筋应变较配置钢板的 L4 和 L6 大，承载力不如 L4 和 L6 大。L4 和 L6 极限破坏荷载较高，同时具有明显的屈服平台，延性发展充分。

（4）抗剪梁 L3、L4、L5 和 L6 箍筋应变

为了更好地观测箍筋的受力性能，本试验在箍筋与加载点和支座连线的相交处，即最可能出现裂缝处，粘贴了应变片，全过程监测箍筋应变随荷载的变化情况。应变片粘贴位置和相应的应变变化如图 4-11 所示。

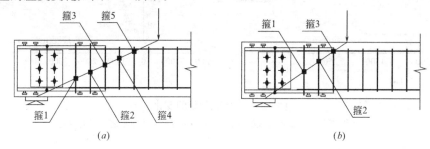

(a)　　　　　　　　　　　　(b)

图 4-11　抗剪梁箍筋应变片编号和位置示意图

(a) L3、L4；(b) L5、L6

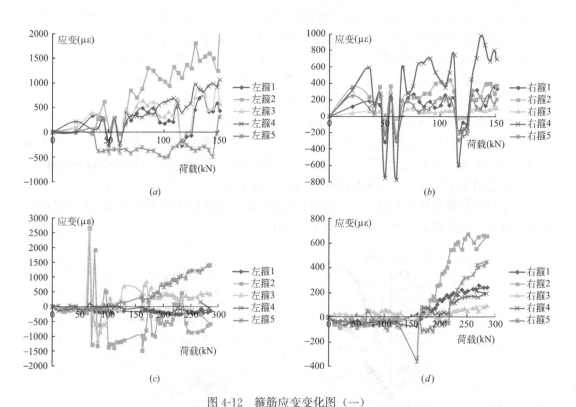

图 4-12　箍筋应变变化图（一）

(a) L3 左支座处箍筋应变变化；(b) L3 右支座处箍筋应变变化；

(c) L4 左支座处箍筋应变变化；(d) L4 右支座处箍筋应变变化

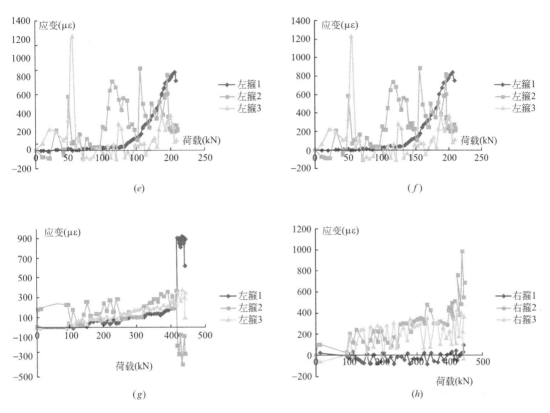

图 4-12　箍筋应变变化图（二）
（e）L5 左支座处箍筋应变变化；（f）L5 右支座处箍筋应变变化；
（g）L6 左支座处箍筋应变变化；（h）L6 右支座处箍筋应变变化

从图 4-12 可以看出：

箍筋应变随荷载增大而呈增大趋势，并受附近混凝土开裂的影响，而出现应变突然增大或反向减小等现象。这是由于开裂前钢筋和混凝土共同受力，而开裂后混凝土退出工作，钢筋承担所有拉力，因此出现了应变的突然增大；而当钢筋承受的拉力达到一定值后，原开裂裂缝间的中间部分混凝土也达到了极限拉应变，中部再次开裂，释放了原钢筋承担的拉力，因此出现了钢筋应变的突然减小。

虽然箍筋编号和位置是按最可能出现裂缝的位置和受力大小来区分的，但实际的箍筋应变却没有按理论值来变化，这是由于梁内箍筋在实际受力的复杂性和受混凝土内部骨料的影响而造成的。

对比配筋为钢板的 L4、L6 和配筋为钢筋的 L3、L5，L4、L6 的钢板应变在荷载增大到一定值后才开始增大，说明钢板的承载力确实较钢筋大，但前提是要确保钢板和混凝土良好的粘结，使之能很好地共同工作。

对比剪跨比不一样的 L3、L4 和 L5、L6，剪跨比大的 L3、L4 的箍筋应变更大，受力更充分；而剪跨比较小的 L5、L6 由于更接近斜压破坏，弯剪斜裂缝发展部充分，因此除个别位置外，箍筋的应变变化范围很小。

（5）钢接头腹板应变

为了研究钢接头的工作性能，本试验在梁两端钢接头的腹板上设置了应变花，以考察两端加载点与支座连线上，即可能出现裂缝处的钢接头的受力情况。钢接头腹板上靠近支座的应变花编号为 1，靠近加载点处的应变花编号为 2，得出的各钢接头应变花的平均值如图 4-13 所示。

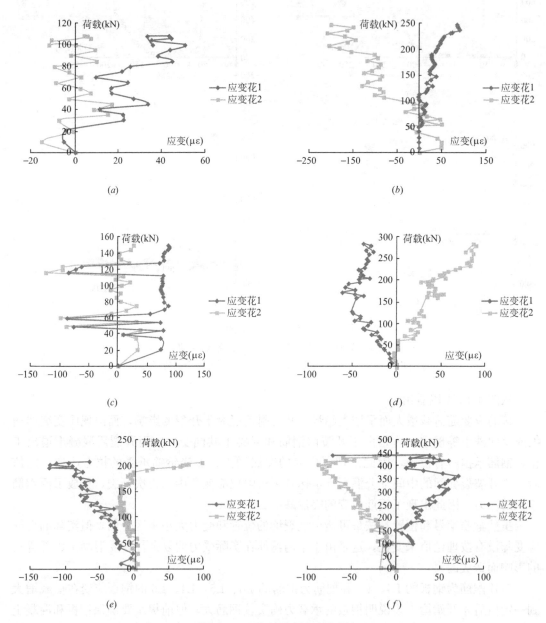

图 4-13　L11 箍筋应变变化图

（a）L1 钢接头腹板应变变化；（b）L2 钢接头腹板应变变化；
（c）L4 钢接头腹板应变变化；（d）L3 钢接头腹板应变变化；
（e）L5 钢接头腹板应变变化；（f）L6 钢接头腹板应变变化

由此可知，钢接头腹板处的应变随荷载的递增有所增大，但增大的幅度很小，应变最大值不足 $250\mu\varepsilon$，基本都在 $100\mu\varepsilon$ 内变化。可见钢接头的变形很小，有很大的承载力和刚度富余，能够达到预期设置的目的。同时可看出，应变花随位置的不同而不同：或受力一致变化（L1、L3、L5），或呈反对称变化（L4、L6），或无明显联系（L2），这是由每根试验梁的具体受力情况决定的，当贴应变片处出现了斜裂缝，钢接头将分担部分原混凝土承担的剪力和拉力，使得应变增大。

4.3　破　坏　机　理

混合梁在斜裂缝形成前与钢筋混凝土梁受力类似，但随着荷载增大，端部钢接头的存在阻碍了支座处的开裂，斜裂缝倾角较普通钢筋混凝土梁更陡峭，混合梁失效模式改变，试验结果小于规范值，因而不能按现行国家标准《混凝土结构设计规范》GB 50010 计算混合梁的抗剪承载力。

斜截面计算一般均在梁支座位置。但是，该区域设型钢段，改变了混合梁的剪切破坏模式，钢接头分担了其附近混凝土的大部分应力，并使弯剪斜裂缝倾角更陡，箍筋屈服前混凝土先被压溃。因此，假定：梁支座位置未发生斜截面破坏或梁支座位置发生斜截面破坏后于钢筋混凝土梁部分发生斜截面破坏，忽略型钢的作用，承载力计算斜截面如图 4-14 所示。

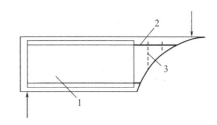

图 4-14　计算斜截面
1—工字形钢接头；2—纵向受力钢筋；3—箍筋

4.4　理　论　分　析

4.4.1　开裂荷载

采用钢筋混凝土的弹性理论及平截面假定，配置普通钢筋的钢筋混凝土矩形梁的开裂弯矩可按式（4-1）计算：

$$M_{cr} = \frac{1}{6} f_t b h^2 \tag{4-1}$$

其中，f_t 为混凝土实测抗拉强度，取 $f_t = 0.395 f_{cu}^{0.55}$；$b$ 为梁宽；h 为梁高。

而钢板混凝土组合梁的开裂荷载，按式（4-2）计算：

$$M_{cr} = \frac{7}{24} f_t b h^2 \tag{4-2}$$

计算时，假设钢板和钢筋都能与混凝土能协同作用，不考虑受力的不协调和差异。计算结果如表 4-2 所示。

开裂弯矩的实测值和理论值比较   表 4-2

试件编号	实测抗拉强度 f_t(N/mm²)	M_{cr} 理论计算值 (kN·m)	M_{cr} 实测值 (kN·m)	理论值/实测值
L1	2.85	15.20	10.00	1.52
L2	2.69	25.14	25.00	1.01
L3	2.75	14.66	14.70	1.00
L4	2.63	24.57	25.92	0.95
L5	2.69	14.34	11.20	1.28
L6	2.84	26.55	17.28	1.54

可见，除个别试件因为施工或其他原因产生的误差外，试验梁的实测开裂荷载和用弹性方法预测得到的开裂荷载基本一致，其中剪跨比大的受剪梁 L3、L4 几乎完全相等，而剪跨比小的试验梁则相差较大。这是由于剪跨比小的试验梁截面在支座处伴随有弯剪组合，其截面受力更为复杂。从表 4-2 中还可以看出，钢板混凝土混合梁（L2、L4、L6）的开裂弯矩不管是理论值还是实测值，都比对应的普通钢筋混凝土梁（L1、L3、L5）高。

4.4.2 受弯承载力

受弯试件的极限受弯承载力计算采用如下假设：

(1) 在加载过程中截面应变均符合平截面假定；

(2) 钢筋和钢板与混凝土之间均无相对滑移与错动；

(3) 忽略受拉区混凝土的受拉承载力。

极限受弯承载力的计算方法与普通的钢筋混凝土双筋梁的计算方法相同，计算公式如下：

$$\alpha_1 f_c bx + f'_y A'_s = f_y A_s$$

$$M_u = \alpha_1 f_c bx \left(h_0 - \frac{x}{2}\right) + f'_y A'_s (h_0 - a'_s)$$

$$或\ M_u = f_y A_s (h_0 - a'_s) \tag{4-3}$$

计算时考虑下部配置钢板的试验梁为超筋梁，在极限状态下钢板或钢筋无法达到屈服强度，此时受压区高度取 $x = \xi_b h_0$。

按以上公式计算得出的极限弯矩如表 4-3 所示：

极限弯矩的实测值和理论值比较   表 4-3

试件编号	实测抗压强度 f_c(N/mm²)	M_u 理论计算值 (kN·m)	M_u 实测值 (kN·m)	理论值/实测值
L1	24.3	63.35	59.00	1.074
L2	21.9	208.60	123.00	1.696

由此可知，配置普通钢筋的 L1 的受弯承载力的理论计算值与实测值基本一致，而配置钢板的 L2 的理论值比实测值高出很多，可见 L2 还没有达到正截面受弯承载力就破坏了，受弯性能没有得到充分的发挥。主要原因可能有以下几点：

（1）计算时假定钢筋、钢板与混凝土之间能很好地协调受力，而实际上这三者之间的粘结力并没有那么强，特别是钢板和混凝土的粘结；

（2）由于钢板的存在，试件在受弯过程中截面内力重分布，有钢板一端的刚度与钢筋一端的刚度相差太大，从而导致上下截面变形不协调；

（3）抗弯试件在纯弯段没有设置箍筋，导致钢板与混凝土以及受压钢筋的协同作用减弱，出现脱层现象，还未达到理论极限荷载就提前破坏。

因此，计算带钢接头的下部配置钢板的混合梁的抗弯承载力时并不能直接套用现有规范关于普通钢筋混凝土梁的计算公式，可考虑折减钢板和混凝土的协同作用，再套用超筋梁的计算方法。

4.4.3　受剪承载力

对抗剪构件 L3 ～ L6，按式（4-4）计算试验梁的斜截面受剪承载力：

$$V_u = \alpha_{cv} f_t b h_0 + f_{yv} \frac{A_{sv}}{s} h_0 \tag{4-4}$$

其中，α_{cv} 是斜截面混凝土受剪承载力系数，对集中荷载作用下的独立梁，取 $\alpha_{cv} = 1.75/\lambda + 1$，$\lambda$ 为计算截面的剪跨比。

具体计算结果如表 4-4，可见：抗剪承载力的理论计算值和实测值有较大差异，实测值比理论值小，以配置普通钢筋的 L3 和 L5 最为明显。这说明试验梁的设计抗剪承载力非常大，已经大于其抗弯承载力，而试验也证明试件在达到抗剪极限状态之前就发生了弯曲破坏，最后并没有发生剪切破坏，因此理论计算出的破坏荷载大于实测值是正常的。同时，本试验验证了按现行规范设计的带钢接头混合梁的抗剪能力大于其抗弯能力，但并未检测出抗剪承载力的具体大小，因此是否能用普通钢筋混凝土梁的抗剪承载力计算方法来设计此类带钢接头的混合梁，还有待进一步研究确定。

受剪承载力的实测值和理论值比较　　　　　表 4-4

试件编号	剪跨比	V_u 理论计算值(kN)	V_u 实测值(kN)	理论值/实测值
L3	2.4	227.8	75.00	3.037
L4	2.4	253.9	104.0	2.441
L5	1.6	237.3	143.0	1.659
L6	1.6	276.3	220.0	1.256

4.5　数　值　分　析

4.5.1　模型建立

为探讨型钢梁段长度、纵向钢筋配筋率以及剪跨比对梁承载力的影响，利用大型有限元分析软件 ANSYS 建立了梁抗弯试件和抗剪试件模型，验证了数值模型的适用性，并进行了参数分析。混凝土用 SOLID65 单元模拟，钢材用 SOLID185 单元模拟，钢筋采用

LINK180 单元模拟梁参数分析有限元模型如图 4-15 所示。

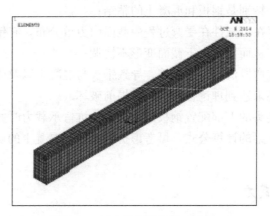

图 4-15 梁参数分析有限元模型

4.5.2 混合梁承载性能因素分析

图 4-16 给出了 L1～L6 试验结果与数值模拟结果的对比,对于带钢接头的钢筋混凝土梁(L1、L3、L5),数值模型能良好地拟合从加载到破坏的过程,对于带钢接头的底部钢板拉通的型钢-钢筋混凝土梁(L2、L4、L6),数值模型结果在梁屈服后的破坏阶段与试验结果虽然有所差异,但数值模型可良好地模拟从加载开始到梁屈服的过程,即可获得梁的极限弯矩,总的来说,所建立的数值模型是适用的。

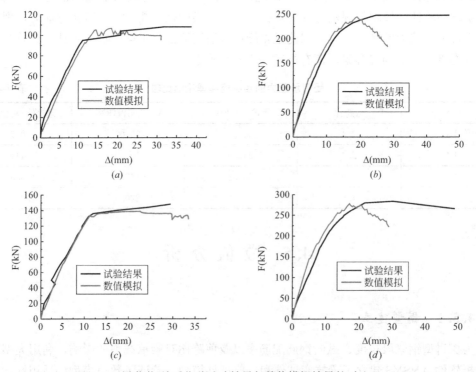

图 4-16 梁荷载-关系位移试验结果与数值模拟结果的对比(一)

(a) L1;(b) L2;(c) L3;(d) L4

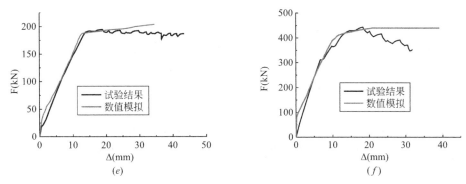

图 4-16 梁荷载-关系位移试验结果与数值模拟结果的对比（二）

（e）L5；（f）L6

（1）工字型钢接头长度变化对梁承载力的影响

为获得工字型钢接头长度变化对梁抗弯承载力的影响，在不改变其余参数的情况下，对接头长度为 400mm、500mm、600mm、700mm、800mm 的梁进行了数值模拟，见图 4-17。

由图 4-17 可得，除带钢接头型钢-钢筋混凝土抗弯梁以外，型钢长度对极限承载力 F 的影响都较小，可忽略不计。对于带钢接头型钢-钢筋混凝土抗弯梁，极限承载力 F 随型钢长度的加大而增长。

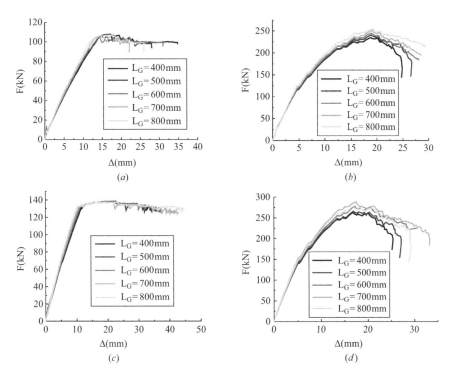

图 4-17 具有不同长度钢接头的梁的荷载-位移曲线

（a）带钢接头钢筋混凝土抗弯梁；（b）带钢接头型钢-钢筋混凝土抗弯梁；

（c）带钢接头钢筋混凝土抗剪梁；（d）带钢接头型钢-钢筋混凝土抗剪梁

（2）配筋率变化对梁承载力的影响

为获得配筋率变化对带钢接头钢筋混凝土抗弯梁承载力的影响，在不改变其余参数的情况下，对配筋率0.92%、1.36%、1.81%的梁进行了数值模拟，如图4-18所示。可见，对于适筋梁，底部受拉钢筋配筋率越高，梁的抗弯承载力越高。

（3）底部钢板厚度变化对梁承载力的影响

为获得底部钢板厚度变化对带钢接头型钢-钢筋混凝土抗弯梁承载力的影响，在不改变其余参数的情况下，对底部钢板厚度为10mm、15mm、20mm的梁进行了数值模拟，如图4-19所示。可见，对于适筋梁，底部钢板厚度越大，梁的抗弯承载力越高。

（4）剪跨比变化对梁承载力的影响

为获得剪跨比变化对带抗剪梁承载力的影响，在不改变其余参数的情况下，对具有不同剪跨比的抗剪梁进行了数值模拟，如图4-20所示。可见，剪跨比越小，梁的抗剪承载力越高。

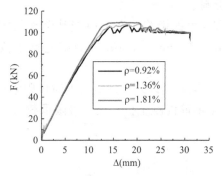

图4-18　具有不同的配筋率带钢接头钢筋混凝土梁荷载-位移曲线

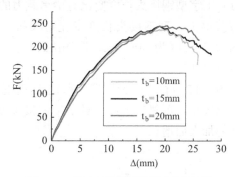

图4-19　具有不同底部钢板厚度的带钢接头型钢-钢筋混凝土梁荷载-位移曲线

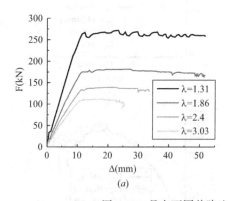

(a)

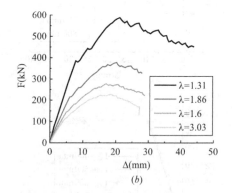

(b)

图4-20　具有不同剪跨比的抗剪梁的荷载-位移曲线

（a）带钢接头钢筋混凝土抗剪梁；（b）带钢接头型钢-钢筋混凝土抗剪梁

4.5.3　工字形钢接头长度确定

（1）两端刚结

梁长 $l=3200$mm，截面尺寸：梁宽 $b=200$mm，工字钢翼缘宽度 $b_{gzg}=130$mm，工字钢腹板宽度 $b_{fb}=10$mm，工字钢接头高度 $h_{gzg}=320$mm。

计算工况如表 4-5 所示，得到各种接头长度下的 P-Δ 曲线以及沿梁长挠度分布曲线。

梁不同钢接头长度的计算工况　　　　　　　　　　表 4-5

工况	接头长度（单边）(mm)	均布荷载 (kN/m)	施加梁总荷载 (kN)
1	200	248	793.6
2	400	357	1142.4
3	500	408	1305.6
4	600	414	1324.8
5	800	402	1286.4

通过图 4-21 看到，接头长度对于承载力的影响是很大的。在接头长度小于 500mm 时，承载力随着钢接头长度增加而递增，当长度逐渐增至 500mm 后，承载力基本不变了。这是因为两端固定的梁靠近支座处弯矩、剪力都是较大的，普通钢筋混凝土梁会在这些部位加配负筋和加密箍筋，以保证不会出现弯剪破坏。而此处是用工字型钢接头来代替负筋和加密箍筋，若长度太短，则在弯矩及剪力较大部位会先于跨中发生破坏，梁端塑性铰区延性能力降低，从而极限承载力较低。若钢接头长度增加到一定范围后，荷载较大的部分都有了足够的承载力，极限荷载则主要是由跨中截面决定，因此再继续增大接头长度已没有意义。

根据现行国家标准《混凝土结构设计规范》GB 50010 条文 9.2.3 的规定，钢筋混凝土梁支座截面负弯矩纵向受拉钢筋不宜在受拉区截断；根据两端固定且受均布荷载的梁弯矩图可知，在 0.211 以及 0.791 处弯矩为零，即负筋应延伸至距离支座 1/5 处。条文 11.3.6 规定，一级抗震等级的框架梁箍筋加密长度为 2 倍的梁高和 500mm 中较大值，二、三、四级抗震等级的框架梁箍筋加密长度为 1.5 倍的梁高和 500mm 中较大值。从上述算例结果来看，工字钢接头长度在 0.16 倍梁长处是较为合适的，因此无论是从负筋长度还是箍筋加密区长度来看，规范取值都较为保守。

从图 4-22 来看，梁端是固定约束时，工字钢接头的部分变形较小，经过钢接头与混凝土交界处后，挠度迅速增大，曲线呈现向中间凹进的趋势。

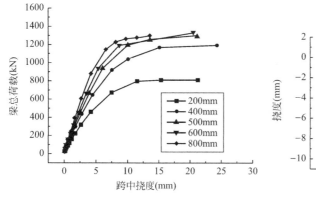

图 4-21　不同钢接头长度荷载—位移曲线

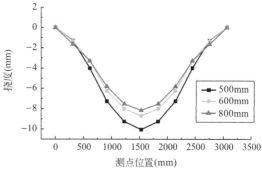

图 4-22　不同钢接头长度的挠度分布曲线

为了更准确地给出钢接头长度取值范围，分别改变梁长、工字钢高以及工字钢宽，分析不同情况下接头长度对梁体的影响。

1）梁长变化：工字钢接头高 $h_{gzg}=320mm$，工字钢接头宽 $b_{gzg}=130mm$。

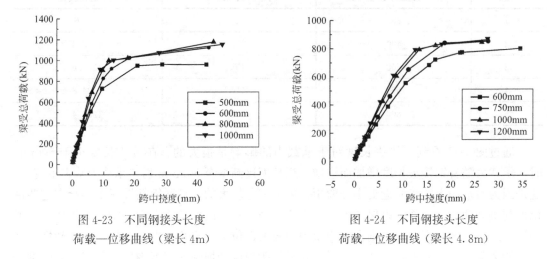

图 4-23 不同钢接头长度
荷载—位移曲线（梁长 4m）

图 4-24 不同钢接头长度
荷载—位移曲线（梁长 4.8m）

不同梁长的计算工况   表 4-6

梁长 L(mm)	极限荷载(kN)	工字钢接头单边长 l_{gzg}(mm)	l_{gzg}/L
3200	1358	500	0.156
4000	1122	600	0.15
4800	864	750	0.156

由表 4-6 可以看出，随着梁长的增加，达到最大承载力的钢接头长度也随之增长，但 l_{gzg}/L 的比值几乎一定，因此建议钢接头长度取为梁长的 0.16 倍。

2）工字钢接头高度变化：梁长 $l=3200mm$，工字钢宽 $b_{gzg}=130mm$。

规范中规定的是箍筋加密区长度是随着截面高度增加而增长，主要是因为截面高度的增加使混凝土内部纵筋位置改变，极限荷载提高，支座塑性铰区增长，所以需要加长加密区范围。而带有工字钢接头的梁里上下纵筋均是焊接于工字钢翼缘上，接头高度改变使纵筋在截面位置变化，从而引起了承载力的差异。因此表 4-7 中的工况仅以改变工字钢接头高度为前提。

不同钢接头高度的计算工况   表 4-7

工字钢高 h_{gzg}(mm)	h_{gzg}/h	极限荷载(kN)	工字钢接头长 l_{gzg}(mm)	l_{gzg}/h_{gzg}	l_{gzg}/h
200	0.5	905	400	2.00	1.00
240	0.6	1013	500	2.08	1.25
280	0.7	1272	500	1.79	1.25
320	0.8	1358	500	1.56	1.25
360	0.9	1425	500	1.39	1.25

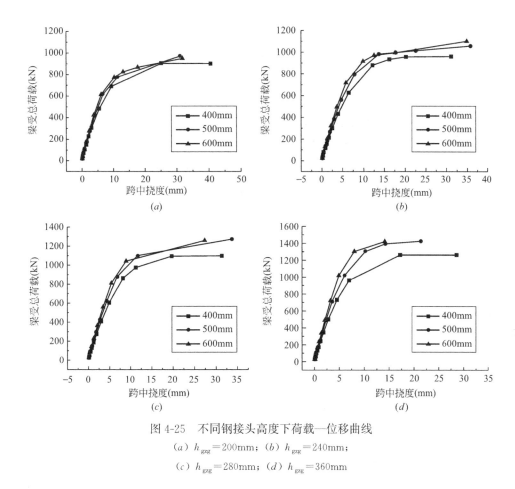

图 4-25　不同钢接头高度下荷载—位移曲线

(a) $h_{gzg}=200mm$；(b) $h_{gzg}=240mm$；

(c) $h_{gzg}=280mm$；(d) $h_{gzg}=360mm$

由表 4-7 和图 4-25 可以看到：工字钢接头高度的改变使梁的承载力发生了明显变化。在 $h_{gzg}=200mm$ 时，承载力在钢接头长度达到 400mm 后就基本不变。随着梁高增加，承载力都是在钢接头长度为 500mm 时保持不变，且与 400m 时的承载力差距越来越大。这说明钢接头高度对接头长度取值是有一定影响的，只是钢接头高度变化不大时，该影响也可以忽略。结合承载力和用钢量的角度来看，工字钢高度可以取梁高 0.7～0.8 倍，此时钢接头长度为 1.3h。

3）工字钢接头翼缘宽度变化：梁长 $L=3200mm$，工字钢接头高 $h_{gzg}=32mm$。

不同钢接头宽度的计算工况　　　　　　　　　　　　　　　　表 4-8

工字钢宽 b_{gzg}(mm)	b_{gzg}/b	极限荷载(kN)	工字钢接头长 l_{gzg}(mm)	l_{gzg}/b_{gzg}	l_{gzg}/b
100	0.5	1331	500	5.00	2.50
130	0.65	1358	500	3.85	2.50
160	0.8	1398	500	3.13	2.50

当工字钢接头长度达到 0.16L（即 500mm）时，极限承载力由跨中截面确定，因工字钢接头翼缘的宽度变化并未对跨中截面承载力造成影响，所以接头长度取值不需改变，破坏模式也一样。如图 4-26 所示，三种宽度下的荷载—位移曲线几乎重合。

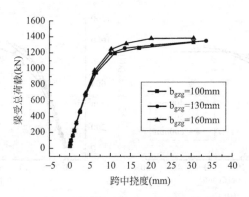

图 4-26 不同钢接头宽度下荷载—位移曲线

综合梁长、工字钢高以及工字钢宽三个因素的影响，建议两端固定的梁工字钢接头长度取值为 $0.16L$ 与 $1.3h$ 中的较大值，其中 L、h 分别为梁的长度以及截面高度。

（2）两端铰接

梁的参数设置与两端刚结梁一致，仅把端部约束设置为简支。计算工况如表 4-9 所示，得到了各种接头长度下的 P-Δ 曲线以及沿梁长挠度分布曲线。

简支梁不同钢接头长度的计算工况 表 4-9

工况	接头长度（mm）	极限荷载（kN/m）	梁受总荷载（kN）
1	0	63.0	201.60
2	200	62.8	200.96
3	400	62.9	201.28
4	600	62.7	200.64
5	800	62.7	200.64
6	1300	64.4	206.08
7	1500	64.2	205.44

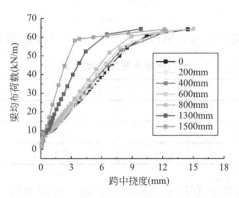

图 4-27 不同钢接头长度荷载—位移曲线

由图 4-27 可以看到，在接头长度小于 600mm 时，钢接头对于跨中挠度的影响是很小的，与普通钢筋混凝土梁曲线几乎重合。当长度逐渐增大，该梁刚度迅速增大，其受力模式已经不同于普通钢筋混凝土梁，在破坏之前跨中位移明显减小，但是极限荷载却提高较少，因弯矩最大处的截面仍然是普通钢混梁截面，所以承载力并未有什么改变。

图 4-28 为不同接头长度挠度分布情况，此处只给出了四个挠度分布曲线。可以看到，在有工字钢接头部分，挠度是呈直线分布，这是因为该部分与中间混凝土部分刚度差别较大，钢接头几乎没有变形，其位移主要是由混凝土变形引起的转动而已。钢接头部分的挠度曲线与普通梁类似，在破坏之前，钢接头长度越长挠度越小，但最终破坏时各个钢接头长度下梁的挠度相差不多。

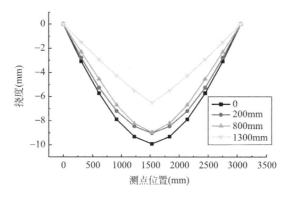

图 4-28　不同钢接头长度的挠度分布曲线

规范规定受弯构件挠度取值应小于 $l_0/200$，其中 l_0 为计算跨度，此处取梁长减去工字型接头的长度，根据挠度限值则可以在 P-Δ 曲线下找出对应的荷载，即为设计所取极限荷载。各种工况下设计所取荷载如表 4-10 所示：

挠度限值及其对应极限荷载　　　　　　　　　　　　　　　　　　表 **4-10**

工况	挠度限值（mm）	极限荷载（N/mm）
1	15.3	63
2	14.3	63
3	12.3	62.8
4	10.3	59.5
5	8.3	60.3
6	3.3	41.4
7	1.3	25.4

由表 4-10 可以看到，根据规范挠度限制情况，工况 1 至 5 的设计所取极限荷载都比较接近于有限元计算荷载。工字钢接头长度越长，挠度限值越小，所对应的极限荷载跟实际所能承受荷载差别越大。因此，接头长度应取在 0.25L（800mm）以内，超出这个范围之后梁体挠度则不能满足普通钢筋混凝土梁挠度限值。

为了进一步给出简支条件下合适的钢接头长度，在不改变梁截面尺寸情况下，分别列出了三种工字钢的宽度和高度，分析不同情况下接头长度对梁体的影响。

1）工字型翼缘宽度变化：①$b_{gzg}=100$mm，$h_{gzg}=320$mm；②$b_{gzg}=130$mm，$h_{gzg}=320$mm；③$b_{gzg}=150$mm，$h_{gzg}=320$mm。

随着工字钢宽度增加，钢接头长度对梁的影响趋势一致，即在同种长度下，不同宽度对承载力以及挠度影响都较小。图4-29是接头长度为400mm时，不同钢接头宽度下的挠度曲线。工字钢翼缘宽度增加会使挠度略有减小，当宽度增至130mm后，其影响可以忽略不计。

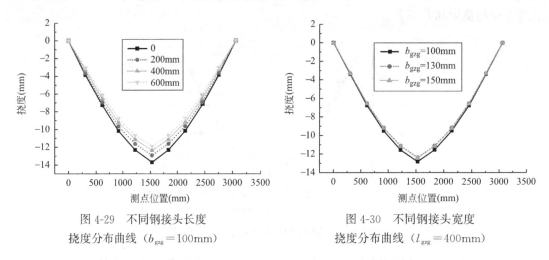

图4-29 不同钢接头长度
挠度分布曲线（$b_{gzg}=100$mm）

图4-30 不同钢接头宽度
挠度分布曲线（$l_{gzg}=400$mm）

2）工字型高度变化：②$b_{gzg}=130$mm，$h_{gzg}=320$mm；④$b_{gzg}=130$mm，$h_{gzg}=280$mm；⑤$b_{gzg}=130$mm，$h_{gzg}=360$mm。

与宽度改变结果类似，工字钢接头高度的变化对钢接头长度取值影响不大，而且在同种长度下，不同高度对挠度影响也较小。但是工字钢接头高度的改变使梁的承载力发生了较大变化，这是因为上下纵筋均是焊接于工字钢翼缘上，接头高度改变使纵筋在截面位置变化，从而引起了承载力的差异。图4-32是接头长度为400mm时，不同高度钢接头的梁挠度曲线，因承载力差异较大，工字钢接头高度对挠度曲线的形式无影响。

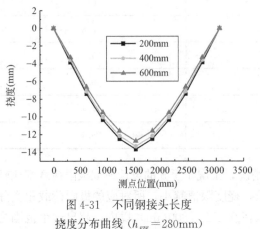
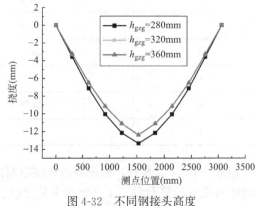

图4-31 不同钢接头长度
挠度分布曲线（$h_{gzg}=280$mm）

图4-32 不同钢接头高度
挠度分布曲线（$l_{gzg}=400$mm）

钢接头的长度对简支梁的承载力影响不大，但钢接头长度越大其挠度越小。但是钢接头太长会超出现有规范对普通梁体挠度的规定，所以接头长度应取在 0.25L 以内。工字钢翼缘宽度或者高度对钢接头长度取值影响都不大，宽度可以根据梁截面尺寸来定；因高度的改变会使梁的承载力发生较大变化，所以钢接头高度应尽量取大值以保证梁的承载力。

4.6　本 章 小 结

本章对装配式劲性柱混合梁结构的混合梁性能进行了研究，主要内容如下：

（1）通过混合梁的抗弯、抗剪试验，得到了混合梁的受弯和受剪破坏模式，

试验结果显示混合梁的受弯破坏有明显的破坏征兆，属于延性破坏类型，抗剪构件也未发生斜截面受剪的脆性破坏；混合梁具有较好的延性和抗震性能。

（2）分析了混合梁的开裂荷载、受弯承载力、受剪承载力的计算方法，试验梁的实测开裂荷载和用弹性方法预测得到的开裂荷载基本一致；带钢接头的钢筋混凝土抗弯试验梁承载力与理论计算值比较接近，说明了普通钢筋混凝土梁的理论计算方法对带钢接头的钢筋混凝土梁也适用；但是由于所有抗剪试件并没有发生剪切破坏，按现有规范的计算方法得到的受剪承载力和实测值有较大出入，因此此类构件的受剪承载力还有待进一步研究，详见 7.1.2 节内容。

（3）通过建立有限元模型，分析了混合梁的承载力的影响因素，综合梁长、工字钢接头高以及工字钢翼缘宽三个因素的影响，建议梁工字型钢接头长度（单边）取值为 0.16L 与 1.3h 中的较大值且应小于 0.25L（其中 L、h 分别为梁的长度以及截面高度），为混合梁设计和施工提供了理论依据。

第5章 劲性柱混合梁框架拟静力分析

为研究装配式劲性混合梁框架结构的抗震性能，本章进行了框架模型的拟静力试验，分析了滞回曲线、骨架曲线、延性、耗能能力的变化规律，揭示了框架的破坏机理，通过结构体系的数值模拟，对试验结果进行了对比分析及验证。

5.1 试验方案

5.1.1 试件设计

本试验按 1∶1 的足尺比例设计一榀两层一跨方钢管混凝土柱框架试验模型（图 5-1）。框架柱为方钢管混凝土柱，其截面尺寸为 200mm×200mm，由四块材料为 Q345 的钢板焊接而成，钢板厚度为 20mm，并在与梁相交处设置管状衬板，柱内灌注 C50 混凝土。框架梁采用钢筋混凝土梁，截面尺寸为 200mm×400mm，梁与柱的连接为装配式连接。梁配筋和第一部分的节点内配筋一致，上下部纵筋都采用 2ϕ20 的 HRB400 级钢筋。梁上设置厚度为 130mm、宽度为规范规定的 b_e 的楼板，板筋也和节点构件的配筋相同。柱基础通过锚栓固定在基础梁上，基础梁混凝土强度为 C20。两层框架间用圆柱形钢管混凝土斜支撑相连，圆钢管外直径为 150mm，厚度为 15mm，管内仍采用 C50 混凝土。构件个数为 3 个。框架设计如图 5-1 所示。

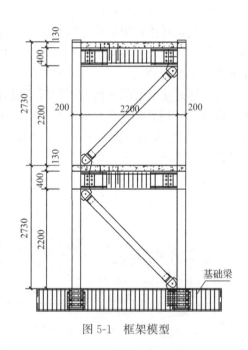

图 5-1 框架模型

5.1.2 加载方案

本次试验采用拟静力加载，并采用梁端反复水平加载方式，加载装置如图 5-2 所示。水平加载点位于框架顶层加载梁的中心，水平荷载通过固定在反力墙上的往复作动器提供，通过水平连接装置给试件施加反复水平荷载。竖向荷载由框架柱顶上的液压千斤顶提供。为了使竖向荷载作用点始终保持在柱顶中心处，并在加载过程中与试件的变形同步同向，在反力梁上安装了滑动支座，将两个 200t 的千斤顶倒装固定在滑动支座上。在竖向千斤顶与试件之间设置刚性垫梁，以使柱截面产生均匀的压应力。

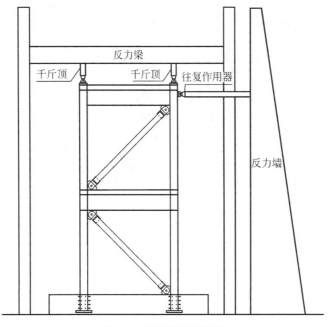

图 5-2　加载装置示意图

5.2　试　验　结　果

5.2.1　试验现象分析

当正向加载至 160kN 时，在中间层斜支撑与楼面相交处的梁端截面出现了第一条水平向裂缝，斜支撑将顶部水平推力传至此处，使梁内出现较大的水平剪力而开裂。当荷载为 320kN 时，在之前水平开裂裂缝对面的梁顶和板底交界处，也出现了水平裂缝。继续加载至 380kN 时，顶层梁端受拉区出现竖向弯曲裂缝、梁下部裂缝大量发展，斜支撑与中间层楼板相交处的梁上部水平受拉开裂裂缝迅速延伸发展出多条细小裂缝（图 5-3），中间层楼板顶出现多条垂直于梁纵筋方向的裂缝，顶部的最大位移达到了 37.6mm，荷载-位移曲线出现下降段，正向加载屈服。

分三级卸载后，再反向施加拉力。当加载至 −180kN 时，在中间层板右侧靠近节点处出现了垂直于纵筋方向的裂缝，这条裂缝迅速发展延伸，紧接着在距它 20cm 的靠近跨中处也出现了相同方向的裂缝（图 5-4）。随着荷载的增加，裂缝继续开展，当反向加载至 360kN 时，顶层梁的右侧节点和中间层梁左右两侧节点处斜裂缝都有明显开展，并和上部板的弯曲裂缝连通，两层楼板顶都出现了多条相互平行的弯曲裂缝，柱边与板相连处也出现了平行于柱方向的两根竖向裂缝，从荷载-位移曲线可以看出梁纵筋屈服。

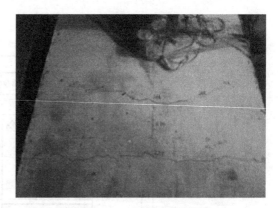

图 5-3　正向加载梁端板底裂缝发展　　　　　　图 5-4　反向加载板顶裂缝发展

此后采用位移控制加载制度，首先重复加载至正反向屈服位移，这时裂缝有部分开展和延伸，主要集中在梁两端，但中间层斜支撑与梁相交处的板下方水平裂缝已明显加宽。

接着加载至 $1.5\Delta_y$，其间不停有螺栓错位的脆响声，中间层梁两侧出现大量细长的斜裂缝，并向两端延伸至板底和梁底，中间层梁顶板底的水平裂缝已发展至约 5mm 宽，梁端均形成了塑性铰，如图 5-5 所示。

在继续正向加载至 $2\Delta_y$ 的过程中，由于斜支撑和框架梁柱的位移都较大，斜支撑与框架拼接板连接处的螺栓突然被剪断后弹开，消耗了大部分能量，因此裂缝开展得并不明显（图 5-6）。更换螺栓后，完成 $2\Delta_y$ 的正反向加载，并卸载后继续进行 $2\Delta_y$ 的第二圈循环。此时在两层梁的侧面都出现了部分裂缝的开展，但仍然不明显，只是中间层右侧梁底的混凝土由于局部斜裂缝贯通而出现了剥离掉落。

图 5-5　$1.5\Delta_y$ 加载梁端板底水平裂缝明显加宽　　　图 5-6　$2\Delta_y$ 加载顶层梁裂缝部分开展

$2.5\Delta_y$ 的加载同样进行了 2 次循环。在加载过程中，斜支撑处的螺栓被剪断，中间层梁侧面的斜裂缝开展明显，左侧梁端板底水平裂缝和左侧梁身斜裂缝、跨中梁底水平裂缝、右侧梁身斜裂缝、右梁端板底水平裂缝逐渐连通形成齿状主裂缝，将梁身分割成两部分，如图 5-7 所示。在反复推拉荷载作用下，梁身变形明显，梁底有大块混凝土掉落（图 5-8）。

继续进行 $3\Delta_y$ 加载，随着荷载的增大，梁中间层梁两个方向的主斜裂缝贯通，裂缝宽度接近 15mm（图 5-9）。在反向加载至 $3\Delta_y$ 时，斜支撑端部的螺栓再次被剪断，同时中间层梁由于斜裂缝迅速加宽，混凝土被压碎并大块掉落，露出弯曲变形的纵筋和箍筋，中间层梁形同空壳，试件破坏，如图 5-10 所示。

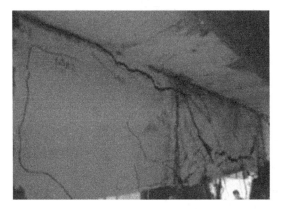

图 5-7 $2.5\Delta_y$ 加载梁身出现齿状裂缝

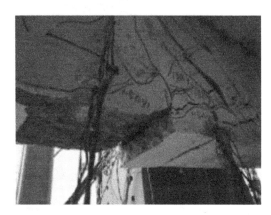

图 5-8 $2.5\Delta_y$ 加载大块混凝土剥落

图 5-9 $3\Delta_y$ 加载梁正反向主裂缝贯通

图 5-10 $3\Delta_y$ 加载混凝土被压碎破坏

5.2.2 试验结果分析

（1）滞回曲线

从图 5-11、图 5-12 可以看到，该试验框架的顶层和中间层的滞回曲线基本上呈梭形，特别是中间层的曲线更接近梭形，即这两个曲线都具有很好的饱满度，直观地反映出钢管混凝土框架具有良好的塑性变形能力和滞回耗能能力。曲线几乎没有反应出"捏缩效应"，说明该框架滞回曲线的捏拢程度很低，可见钢管对内部核心混凝土具有较强的约束效应，即使内部核心混凝土开裂，引起的框架侧向刚度的突变也不明显。同时曲线的正向饱和度比反向好些，能达到的极限荷载也稍大，说明斜支撑对框架受力提供了一定的有利作用，但效果不如预期的明显。同时，钢筋混凝土梁的开裂非常明显，尤其是中间层梁，使顶层的滞回曲线在加载后期的滑移现象非常严重。

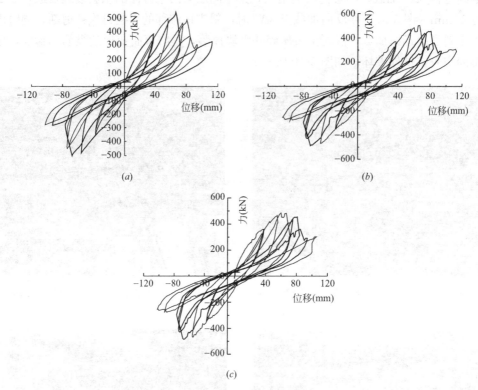

图 5-11 框架顶层滞回曲线

（a）KJ1 框架顶层滞回曲线；（b）KJ2 框架顶层滞回曲线；

（c）KJ3 框架顶层滞回曲线

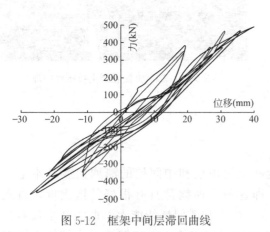

图 5-12 框架中间层滞回曲线

（三个构件平均值）

从框架顶层滞回曲线图还可以看出，在屈服之前，框架总体变形较小，正反向都不足 40mm，卸载后的残余应变也极小，第一次正向和反向加卸载所形成的滞回环非常饱满。但是在整体屈服之后，随着反复荷载的逐级增大，框架变形进一步加大，其变形速度随之变快，承载力也逐步提高，滞回环仍然比较饱满，但越来越接近反 S 形。当加载至反向 $2.5\Delta_y$ 后，承载力突然下降，此后滑移现象越发明显并急剧恶化，这主要是由于中间层梁身严重开裂，裂缝宽度非常大，需要反方向移动一定距离使裂缝闭合后才能在当前方向受力并变形。

由于中间层的水平荷载没有实际测得，但和顶层的总水平荷载成比例变化，因此取框架中间层的滞回曲线为中间层的水平位移（为实测）随框架顶层水平荷载的变化关系曲线。也可看出，中间层的变形能力非常好，位移在两个方向加载时基本呈线性增长，但正向加载时的位移变化比反向加载时略大，说明在斜支撑的有利作用下，中间层的正向变形和耗能能力比反向表现得更好些。值得注意的是，中间层水平位移的测试点在框架柱外侧，而框架柱之间设有斜支撑，所以，虽然中间层梁板的破坏已非常严重，但实际测出的中间层位移值并不大，因此，滞回曲线并没有出现明显的屈服下弯段，没有显示出框架已进入弹塑性状态，因此中间层的滞回曲线并不能很好地反映出框架的具体受力。

每一次加载的过程中，曲线的斜率随着荷载的增大而减小，而且减小的速度加快。比较各次同向加载曲线，后一次的曲线斜率比前一次的曲线斜率明显减小，说明框架的刚度在不断退化。比较同级位移下的反复循环的两次加载，每一次循环，承载能力均有所下降，说明框架发生了强度退化现象。此外，曲线的斜率也逐渐变小，说明框架的侧向刚度在相应退化，而且随着位移的增大，下降及退化的程度亦增大，具有非稳态的现象。刚开始卸载时，曲线较陡，恢复变形很小。达到最大荷载以后，曲线趋向平缓，恢复变形逐渐加快，曲线的斜率随着反复加载次数的增多而减小，这说明框架的卸载刚度在退化。全部卸载后，框架有不可恢复的残余变形，并随着位移幅值的增大和循环次数的增多而不断加大。

从整体上来看，框架的滞回曲线呈饱满的梭形，没有明显捏缩现象，保证了框架具有较好的耗能能力。

（2）骨架曲线

图 5-13 是试验实测的框架顶层水平荷载与梁端位移的滞回曲线峰值点连线所得的骨架曲线，可见曲线呈倒"Z"形，框架试件从开始加载到破坏经历了三个明显的阶段：弹性阶段、弹塑性阶段和破坏阶段（荷载下降阶段）。

弹性阶段：从加荷至出现拐点，主要指荷载控制阶段。此时，整个框架处于弹性阶段，骨架曲线基本保持为一直线，斜率保持不变，可见此过程持续时间很短。

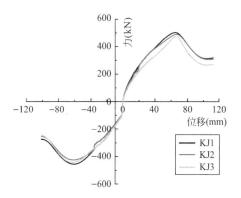

图 5-13　框架骨架曲线

弹塑性阶段：大致为位移加载至 $2\Delta_y$ 时，骨架曲线发生偏转并呈曲线，框架整体刚度开始下降，位移增加较快，而荷载增加比较缓慢。而且随着荷载循环的进行，这一趋势愈来愈明显。这是由于梁板混凝土逐渐开裂，越来越多的混凝土退出工作，由钢筋承担大部分拉力的缘故。

破坏阶段：最大荷载至最终破坏的部分。此时，位移继续大幅度增加，而荷载下降。这是由于钢筋也进入屈服达到峰值状态，已不能再继续保持良好地工作。

（3）框架的延性及变形能力

在结构抗震性能中，延性是一个重要的特性。框架的延性常采用顶层梁端位移延性系数 μ 来表示：

$$\mu = \frac{\Delta_u}{\Delta_y} \tag{5-1}$$

式中，Δ_u 为试件荷载-位移骨架曲线下降段中对应 $0.85P_{max}$ 的位移值，Δ_y 为试件屈服位移。按照上述方法得到的框架位移延性系数如表 5-1 所示。

试验框架各阶段实测顶点位移及延性系数（三个构件平均值）　　表 5-1

加载阶段	屈服点		峰值点		极限点		延性系数
加荷方向	P_y(kN)	Δ_y(mm)	P_{max}(kN)	Δ_m(mm)	P_u(kN)	Δ_u(mm)	μ
正向	380	37.6	517	67	439	85	1.27
反向	−360	37.0	−499	−68	−424	−74	1.09

试验结果表明，该框架的变形能力并不十分理想，框架的延性系数最大仅为1.27。这是由于梁截面设计承载力过低，斜支撑与框架节点处连接不够牢固，造成节点处螺栓剪切破坏、梁混凝土提前被压碎，而使框架的位移延性没能充分发挥。

（4）耗能能力

框架能量耗散系数为1.729，等效粘滞阻尼系数为0.275。而钢筋混凝土的等效粘滞阻尼系数为0.1左右，型钢混凝土的等效粘滞阻尼系数为0.3左右，框架的等效粘滞阻尼系数非常接近型钢混凝土结构，可见框架的耗能能力较好。

（5）强度退化

由框架滞回曲线可知，试验框架在进入屈服阶段后，其强度是不断退化的。当框架正向施加荷载到380kN时，框架开始屈服，滞回曲线上出现第一个明显的拐点，屈服时框架柱底部总剪力为380kN。框架在此前的弹性阶段时，框架柱承受的剪力随外荷载的增加而增加，没有表现出强度的退化，一是因为材料在弹性阶段，没有达到强度极限，故结构的受力变化无法反应结构的强度变化，二是因为结构屈服之前采用力控制加载制度，实际上是一种变位移幅值加载制度，此种制度下，即使材料达到强度极限，框架结构强度极限的变化也无法通过框架柱所承受的剪力变化表现出来。框架屈服之后，框架结构材料达到了结构强度极限，且其加载制度改为位移控制加载即每级位移等幅值循环两次，故结构所受剪力可反映强度退化的影响。

本试验采用总体强度退化系数 λ_j 来分析框架的强度退化情况，计算公式如下：

$$\lambda_j = \frac{P_j}{P_{max}} \tag{5-2}$$

式中，P_j 为第 j 次加载位移循环中的峰值荷载；P_{max} 为试件的极限荷载。试件的强度退化系数（λ_j）和加载位移级别（Δ/Δ_y）的关系如图5-14所示。

由图5-14可知，随着位移的增加，由于混凝土裂缝的形成及钢材的包辛格效应的逐步明显，在加载至 $2\Delta_y$ 后开始出现强度退化，并且随着加载进程，退化的速度逐渐增大。对比可知，框架正反向加载强度退化的趋势非常一致，只是反向加载时的强度退化稍微明显一点，可见斜支撑对框架两个方向的强度退化并无太大的贡献。

（6）框架的刚度退化

从刚度退化曲线中可以看出，从屈服位移开始，框架的刚度（指割线刚度）就随着位移循环次数的增加而降低。这是因为框架在进入屈服以后，各循环都具有较大的残余变形，而且随着位移的增加，强度及刚度的降低程度越大。反向加载比正向加载刚度退化的略快，这主要是受斜支撑的微弱作用影响的。

导致强度及刚度退化的根本原因是框架屈服后的弹塑性性质及累积损伤，这种损伤主要表现为混凝土细微裂缝的产生和发展、钢材的屈服及塑性发展、钢管与混凝土之间的粘结滑移等。由于钢管处于混凝土的外围，对内部混凝土起约束作用，延缓了混凝土裂缝的发展和破坏，从而也降低了其强度和刚度的退化速度，使钢管混凝土框架的抗侧向承载能力由于普通钢筋混凝土结构。

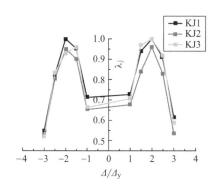
图 5-14　强度退化曲线

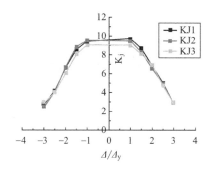
图 5-15　刚度退化曲线

（7）纵筋应变

为了考察梁纵筋在加载过程中的变化情况，本试验在上下层框架梁纵筋的跨中和两端与钢接头相连处粘贴了应变片，如图 5-16 所示。

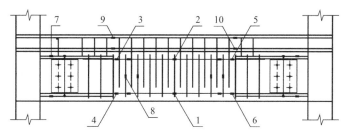
图 5-16　应变片在梁中的位置和编号

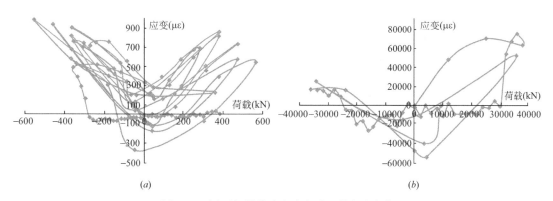

(a)　　　　　　　　　　　　　　　(b)

图 5-17　梁下部纵筋跨中应变片 1 的应变变化
（a）顶层梁纵筋；（b）中间层梁纵筋

从图 5-17 中可看出，中间层梁下部纵筋的应变变化比顶层大，中间层跨中纵筋上的应变片在荷载未达到 400kN 时就已经被破坏，顶层的应变变化与荷载变化一致。

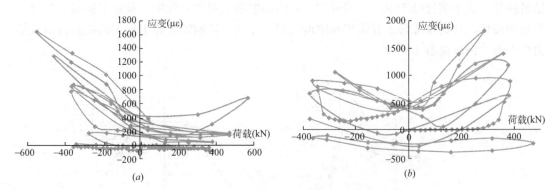

图 5-18　梁上部纵筋跨中应变片 2 的应变变化
（a）顶层梁纵筋；（b）中间层梁纵筋

　　可知，中间层梁上部纵筋的应变变化幅度比顶层大，离散性也大，不如顶层梁规则，这可能是由于顶层梁有斜支撑分担受力，而斜支撑却把力水平加载力传给了中间层梁，使得中间梁的受力更复杂。

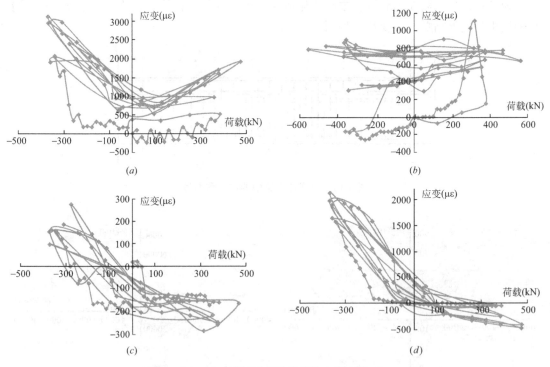

图 5-19　顶层梁纵筋端部的应变变化
（a）顶层梁纵筋左端应变片 3；（b）顶层梁纵筋右端应变片 4；
（c）顶层梁纵筋左端应变片 5；（d）顶层梁纵筋右端应变片 6

　　由于中间层梁的破坏较严重，纵筋上粘贴的应变片很快就被破坏，不能很好地反映纵筋应力随加载过程的变化，因此选取破坏较轻的上层梁的纵筋来分析。从图 5-19 可看出，在钢接头附近的纵筋的应力和理论计算结果很接近，尤其是图 5-19（d）所示的梁顶层右端的下部受拉钢筋，能明显看出钢筋在推拉水平力作用下，发挥了较强的抗拉性能，最大

应变达 $2000\mu\varepsilon$，并协助混凝土承担了部分压应力。

（8）钢接头的应变

图 5-20 反映了顶层梁左端钢接头上部钢板的应变随荷载的变化情况，应变片粘贴位置如图 5-16 所示。可见钢接头和附近的梁纵筋一样，在两个加载方向都发挥出了相应的作用，尤其是在承受拉力时，这说明钢接头能和周围的钢筋、混凝土协同受力，具有很好的工作性能，并且还有很大富余空间。

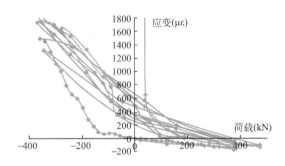

图 5-20　顶层梁左端钢接头上部钢板的应变变化

（9）梁箍筋应变

同梁纵筋一样，由于中间层梁板破坏非常严重，因此只能取顶层梁中的箍筋来参考分析。图 5-21 所示为图 5-16 中箍筋的应变片 8 的变化情况，可见钢接头附近的箍筋的受力变化很复杂。在加载至 300kN 之前，此箍筋的应力都无明显增大，随着荷载继续增加，箍筋的应力有了大幅度增大，但当卸载时，箍筋应力并无太多降低，说明箍筋已出现严重塑性变形，不能恢复正常弹性变形。继续反向加载，箍筋进一步塑性变形，随着附近混凝土的开裂，箍筋的应力也随之变化，但已经没有规律。

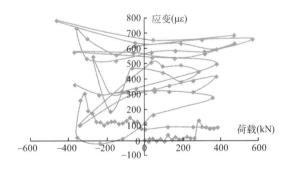

图 5-21　顶层梁左端钢接头附近箍筋的应变变化

（10）板筋应变

由于中间层的梁破坏很严重，而顶层楼板并无明显的破坏现象，因此取变化比较大的中间层楼板的钢筋来举例分析。如图 5-22 所示，板筋参与了框架的协同受力，板筋都发挥出了很大的拉应力，尤其是下层板筋，由于距离梁上部受拉钢筋近，在加载至 200kN，梁钢筋充分受拉后，板筋迅速参与工作分担拉力。可以说，本试验再次验证了第一部分节点试验中楼板的有利作用，因此在设计时可考虑板筋对受拉的有利贡献，同时应根据实际情况加强板筋。

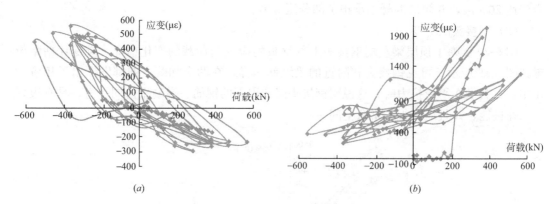

图 5-22　中间层楼板钢筋的应变变化

（a）左端上层板筋应变片 9；（b）右端下层板筋应变片 10

（11）斜支撑应变

试验设计了两个斜支撑，为了考察斜支撑的性能，现以斜支撑的应变变化来说明。斜支撑中点处的应变值较小，说明钢管混凝土的受力及传力性很好，能直接将荷载传递下去，对自身的影响不大。因此，取斜支撑端点处的应变变化来分析，如图 5-23 所示。

可见斜支撑端点的应变变化非常复杂，刚开始加载阶段，上层斜支撑的下端点、下层斜支撑的上下端点的受力都较上层斜支撑的上端点更滞后，这是由于上下层斜支撑和框架梁柱节点处的受力也比较复杂，需要一定的时间和空间才能可靠地完成传递。继续加载，当斜支撑的应变突然增大到一定数值后，斜支撑处发生了塑性变形，耗散了部分能力，斜支撑就保持这一定的变形继续承受荷载作用；当加载至该变形值不能再承受的荷载时，斜支撑再次增大变形，并再次以当前的变形承受加载。这样的特点在上层斜支撑的下端点和下层斜支撑的上端点表现非常明显。

同时，上层斜支撑的下端点和下层斜支撑的上端点的应变变化非常类似，但是上层斜支撑的下端点的应变值明显比下层斜支撑的上端点的大，几乎大了一倍，可见上层斜支撑并没有将全部荷载传递给下层斜支撑，中间层梁板和柱都分担了一定的荷载，所以中间层楼板的破坏非常严重。

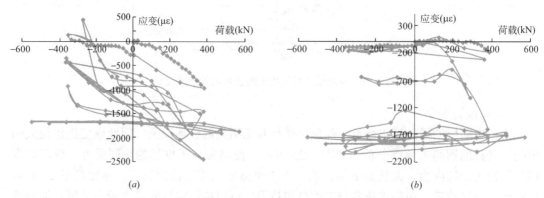

图 5-23　中间层楼板钢筋的应变变化（一）

（a）上层斜支撑上端点；（b）上层斜支撑下端点

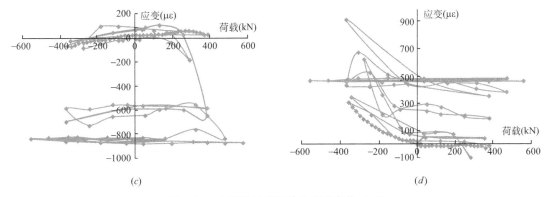

图 5-23 中间层楼板钢筋的应变变化（二）

（c）下层斜支撑上端点；（d）下层斜支撑下端点

（12）斜支撑连接板应变

为了检验斜支撑是否可靠地把荷载传递给与之相连的连接板，进而传给框架梁柱板和下层斜支撑，图 5-24 所示为斜支撑连接板的应变。

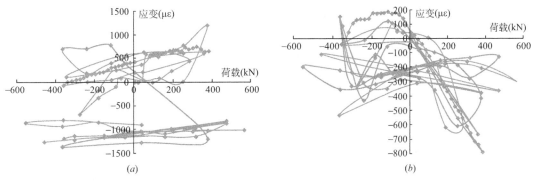

图 5-24 中间层楼板钢筋的应变变化

（a）上层斜撑下端处；（b）下层斜撑上端处

上层斜支撑的下端点处的连接板在正反两个方向都受力，应变曲线的变化趋势和上层斜支撑下端点的基本一致，可见上斜支撑实现了较好的荷载传递。但下层斜支撑的连接板的应变变化却非常混乱，没能很好承受上层斜支撑传来的荷载，根据之前的分析，这是由于下层框架梁柱板的分担而造成的。

（13）楼层位移对比

为了考察框架两层楼板处的水平位移变化，将这两层的实测位移随框架顶部水平荷载的变化曲线绘制于图 5-25 中，可见中间层的水平位移相对顶层来说比较小，中间层的位移在加载过程中也没有明显的增大，只是在接近破坏时的增长幅度略微有所变大。而顶层位移随着加载进程，先缓慢增长，当混凝土出现开裂、钢筋相继屈服后就大幅度增大。

（14）层间位移角

为限制结构在正常使用条件下的水平位移，确保高层结构应具备的刚度，避免产生过大的位移而影响结构的承载力、稳定性和使用要求，国家现行标准《建筑抗震设计规范》GB 50011 和《高层建筑混凝土结构技术规程》JGJ 3 等规范都有关于限制楼层层间最大水平位移的规定：

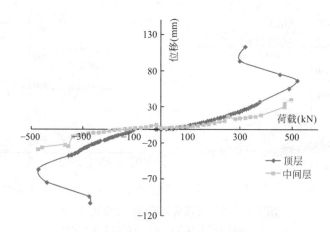

图 5-25　顶层和中间层水平位移对比

　　风荷载或多遇地震标准值作用下的楼层层间最大水平位移与层高之比应符合式（5-3）要求：

$$\Delta_u \leqslant [\theta]h \tag{5-3}$$

其中，Δ_u 为风荷载、多遇地震作用标准值产生的楼层最大层间位移，$[\theta]$ 为层间位移角限值，h 为计算楼层层高。

　　计算试验框架的层间位移角如表 5-2 所示：

框架各层层间位移角（三个构件平均值）　　　　　　　　　　　　　　　表 5-2

加载方向	一层位移最大值（mm）	二层位移最大值（mm）	层高	一层层间位移角	二层层间位移角
正向	40.019	72.981	2730	0.015	0.027
反向	−27.373	−74.627	2730	0.010	0.027

　　由此可知，框架试件的正反向加载的最大水平位移非常接近，斜支撑对整个框架的位移有较大贡献。计算得出的第一层的最大层间位移角能满足层间弹塑性位移角 1/50 的限值，但不满足框架结构弹性层间位移角 1/550 的限值，第二层的最大层间位移角既不满足弹性限值，也不满足弹塑性限值。这是由于本试验一是一榀独立框架，且框架带有独立斜支撑，在框架平面外方向并没有支撑与之相连，而规范给出的限值是针对平面内外两个方向都有承重构件相互连接的整体结构而言的。从以上计算结果，仍然可以看出带支撑和钢接头的钢管混凝土框架对位移的控制效果是非常好的。

　　（15）梁柱截面转角

　　梁柱截面的相对转角如表 5-3、表 5-4 所示。

框架柱截面转角　　　　　　　　　　　　　　　　　　　　　　　　　表 5-3

加载位移级别（Δ/Δ_y）	顶层左柱截面	中间层左柱上截面	中间层左柱下截面	中间层右柱上截面	中间层右柱下截面	底层左柱截面	底层右柱截面
−3	0.0041	/	−0.0028	−0.0985	−0.0016	−0.0049	0.0030
−2.5(2)	0.0041	/	−0.0028	−0.0972	−0.0012	−0.0043	0.0027
−2.5	0.0027	/	−0.0030	−0.0819	−0.0004	−0.0040	−0.0050

加载位移级别 (Δ/Δ_y)	顶层左柱 截面	中间层左柱 上截面	中间层左柱 下截面	中间层右柱 上截面	中间层右柱 下截面	底层左柱 截面	底层右柱 截面
$-2(2)$	-0.0005	0.0305	-0.0027	-0.0597	-0.0003	-0.0027	-0.0056
-2	-0.0007	0.0272	-0.0030	-0.0478	0.0006	-0.0039	-0.0047
-1.5	0.0008	-0.0017	0.0002	-0.0280	0.0017	-0.0018	0.0043
$-1(2)$	0.0005	0.0012	-0.0003	-0.0062	0.0015	-0.0010	0.0024
-1	0.0005	0.0024	-0.0015	-0.0041	0.0015	-0.0012	0.0023
1	-0.0007	0.0091	0.0065	-0.0014	-0.0023	0.0058	-0.0024
$1(2)$	-0.0006	0.0144	-0.0017	-0.0032	-0.0022	0.0059	-0.0025
1.5	-0.0009	0.0187	0.0018	-0.0035	-0.0021	0.0084	-0.0035
2	-0.0031	0.0220	-0.0023	-0.0120	-0.0018	0.0095	-0.0037
2.1	-0.0028	0.0313	-0.0026	-0.0270	-0.0020	0.0100	-0.0145
2.5	-0.0014	0.0341	-0.0032	-0.0290	-0.0014	0.0098	-0.0145
2.51	0.0009	/	-0.0028	-0.0475	-0.0020	0.0116	-0.0074
3	0.0003	/	-0.0026	-0.0441	-0.0020	0.0126	-0.0082

框架梁截面转角　　　　　　　　　　　　　　　　　表 5-4

加载位移级别(Δ/Δ_y)	顶层梁左截面	顶层梁右截面	中间层梁左截面	中间层梁右截面
-3	0.0009	-0.0114	/	0.0001
$-2.5(2)$	0.0013	-0.0070	/	0.0002
-2.5	0.0009	-0.0047	/	-0.0001
$-2(2)$	0.0015	-0.0045	-0.0097	0.0000
-2	0.0014	-0.0043	-0.0080	0.0004
-1.5	0.0014	-0.0027	0.0008	0.0011
$-1(2)$	0.0010	-0.0020	-0.0006	0.0010
-1	0.0011	-0.0018	-0.0011	0.0010
1	0.0003	-0.0004	-0.0046	-0.0014
$1(2)$	0.0005	-0.0005	-0.0071	-0.0015
1.5	0.0007	-0.0007	-0.0093	-0.0015
2	0.0015	-0.0011	-0.0063	-0.0016
2.1	0.0015	-0.0013	-0.0103	-0.0014
2.5	0.0015	-0.0014	-0.0107	-0.0012
2.51	0.0018	-0.0017	/	-0.0007
3	0.0029	-0.0016	/	-0.0006

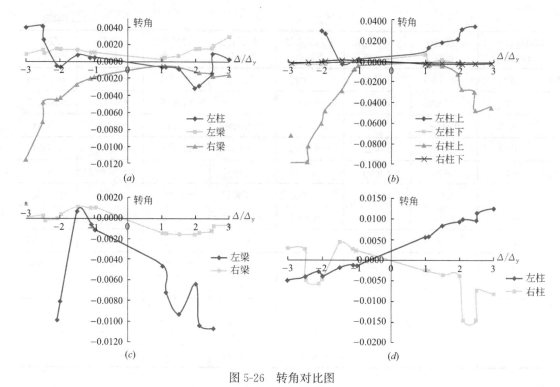

图 5-26　转角对比图

（a）顶层梁柱截面转角对比图；（b）中间层柱截面转角对比；（c）中间层梁截面转角对比图；（d）底层柱截面转角对比

可见，框架梁的左端截面和右端截面、框架的左柱和右柱的转角变化趋势是相反的，这符合框架的理论受力结果，因为在框架顶施加水平荷载作用下，框架的弯矩图是呈反对称的。同时可看出，顶层梁左端、中间层楼板处的左柱和右柱下端、中间层梁右端的转角变化幅度最小，基本都在 0.002 之内；而顶层梁右端，正是水平荷载作用点处，其转角变化最大，最大值达到了 0.012；由于斜支撑的作用，与斜支撑相连的中间层梁左端截面的转角的变化也非常明显，最大转角也接近 0.012。

（16）框架整体变形

框架在水平推拉反复荷载作用下，其框架柱和框架梁会出现向左或向右的位移，而引起框架的整体变形。为了更加直观反映出框架的变形，现根据试验结果将位移控制加载阶段的变形图绘制如下：

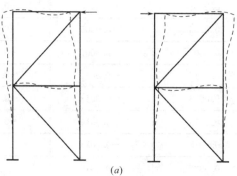

（a）

图 5-27　框架整体变形图（一）

（a）1 倍屈服位移时框架整体变形图

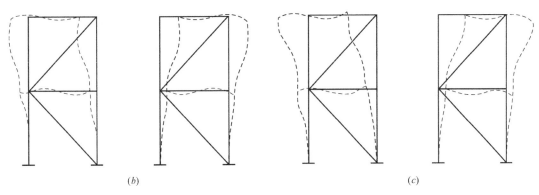

(b) (c)

图 5-27 框架整体变形图（二）

（b）2 倍屈服位移时框架整体变形图；（c）3 倍屈服位移时框架整体变形图

从图 5-27 中可看出，随着控制加载位移的增大，框架的变形越来越严重，顶层梁的变形比中间层梁更明显，相对位移也更大。由于在水平推拉反复荷载作用下，框架弯矩图为反对称的，因此框架变形图也大致是反对称的，但由于有斜支撑的影响，框架的绝对变形值有差异，在向左加载水平推力时，框架中间层的变形比顶层更明显，而在向右加载水平拉力时，顶层的变形则更明显。

5.3 破 坏 机 理

提高框架的抗震能力的关键是控制好柱出现塑性铰的位置和顺序，并使塑性铰具有足够的变形能力。框架结构的延性与塑性铰的分布有关，若梁中先出现塑性铰形成梁铰机构（图 5-28），则塑性铰分布比较均匀，每个塑性铰所要求的非弹性变形量也比较小，而且梁铰机构的延性要求也比较容易实现。若柱中出现塑性铰形成柱铰机构（图 5-29），非弹性变形就集中在柱中，对柱的延性要求极高，而这一点在柱中很难实现，而且柱铰机构将伴随着较大的层间侧移，这不仅会引起不稳定问题，还会危及结构承受垂直荷载的能力，导致整个结构的倒塌。在经受较大侧向位移时，为确保框架结构的稳定性，并维持它承受竖向荷载的能力，必须要求非弹性变形只限于梁内。这就是所谓的"强柱弱梁"，即使梁中的塑性铰先出现、多出现，尽量减少或推迟柱中塑性铰的出现，特别是要避免在同一层各柱的梁端都出现塑性铰。

本次试验中，框架柱采用钢管混凝土柱，框架梁采用装配式钢筋混凝土梁，并在两层间设置了钢管混凝土的斜撑。在试验过程中，在梁端屈服之前采用荷载加载，屈服之后采用位移加载，随着荷载的增加，钢筋混凝土梁出现裂缝，裂缝随之开展，钢筋混凝土梁内纵筋屈服，在框架梁端形成塑性铰，随着位移荷载继续增加，中间层混凝土梁板承受不住上层斜撑传来的荷载，导致混凝土梁被压碎，导致框架结构破坏。

图 5-28 梁铰机制

图 5-29 柱铰机制

5.4 数值分析

5.4.1 模型建立

利用 ABAQUS 建立与前期拟静力框架试验试件相对应的精细有限元模型，在综合考虑计算精度与计算时间的基础上，混凝土、型钢采用实体八节点六面体线性减缩积分单元（C3D8R）建模，此种三维实体减缩积分单元对位移加载求解比较精确，且当网格在模拟过程中存在扭曲变形时，仍然具有较好的计算精度；梁板中纵、箍筋及梁板连接弯筋均取三维二节点桁架单元（图 5-30）。

(a) (b)

图 5-30 框架有限元模型

(a) 框架模型；(b) 框架模型网格划分

5.4.2 有限元模型的验证

图 5-31、图 5-32 分别给出了框架滞回曲线及骨架曲线的有限元分析结果与试验结果的对比，由图 5-31 可知，数值模拟的框架滞回曲线比试验结果偏饱满，即试验测得

曲线的"捏缩效应"更明显，主要是因为数值模拟分析中梁的钢筋及型钢与混凝土之间的粘结滑移有简化，其次有限元模拟中各构件接触关系强于试验；由图 5-32 可知，有限元分析结果在刚度、屈服荷载、峰值荷载及极限荷载方面能很好地反映实际值，但下降趋势与试验结果稍有所区别。但总的来说，框架有限元模型能较好地反映框架的力学和耗能能力。

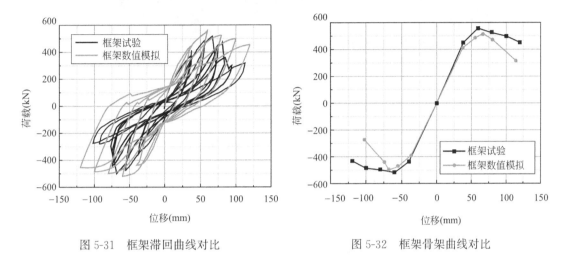

图 5-31　框架滞回曲线对比　　　　　　图 5-32　框架骨架曲线对比

5.4.3　框架破坏形态对比

框架梁板混凝土裂缝开展模拟结果同试验基本一致：裂缝首先在中间层梁板交接处开展，试验与有限元结果均显示中间层混凝土裂缝开展较大，这主要是因为支撑将框架顶端水平位移荷载传递给中间层梁板混凝土；有限元模拟的破坏过程同试验过程基本一致，即在底部支撑连接处钢板发生扭曲变形后，位移不断加大，底部支撑破坏，而中间层梁所受压力不能传到底部，导致混凝土被压碎破坏如图 5-33 所示。

(a)　　　　　　　　　　　　　　　(b)

图 5-33　框架裂缝发展对比图（一）

（a）正向 2 倍屈服位移试验图；（b）正向 2 倍屈服位移 PE 图

图 5-33　框架裂缝发展对比图（二）

（c）正向 3 倍屈服位移试验图；（d）正向 3 倍屈服位移 PE 图

5.5　本　章　小　结

本章对装配式劲性柱混合梁框架结构的拟静力性能进行了研究，主要内容如下：

（1）装配式劲性柱混合梁框架结构在低周反复荷载下，承载能力较高，变形能力较强，钢接头的工作性能较好，框架具有较好的延性和耗能能力。框架在拟静力试验中的破坏过程为：斜撑传递荷载给钢管混凝土柱，使得中间层的梁板受力相对复杂，中间层两端所受到的剪力较大，使得中间层先发生梁板破坏，形成梁铰机构，最终破坏模式为斜撑连接位置破坏而丧失承载力。位移控制加载阶段变形图能真实反映框架结构变形，能为工程设计提供一定的参考。

（2）有限元模型的数值分析结果与试验结果契合度高，可以为作为实体结构框架力学分析的方法。

第6章 劲性柱混合梁框架振动台试验

为研究装配式劲性柱混合梁框架结构的动力特性，本章进行了框架模型的振动台试验，介绍了该结构在多种烈度地震激励作用下的结构响应及破坏形态，分析了其整体抗震性能、结构失效路径以及连接节点的可靠性，对比分析了有限元模拟与振动台试验结果，揭示了支撑系统对结构整体抗震性能的作用及贡献。

6.1 试验方案

6.1.1 框架设计

振动台试验的研究对象原型为6层装配式劲性柱混合梁框架结构，层高均为3.6m，结构构件平面及立面布置见图6-1及图6-2。

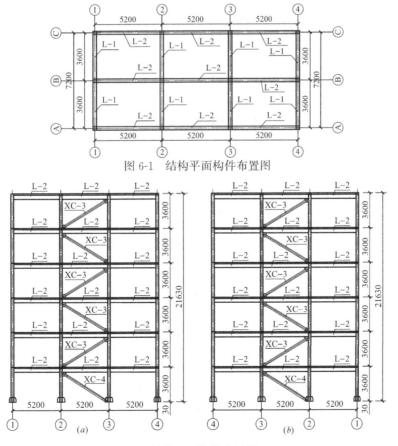

图 6-1 结构平面构件布置图

图 6-2 结构立面构件布置图（一）

（a）正立面；（b）背立面

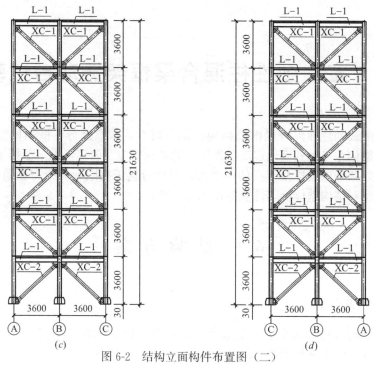

图 6-2　结构立面构件布置图（二）

（c）左立面；（d）右立面

　　柱：钢管混凝土柱，采用 Q345 钢截面尺寸为 270mm×270 mm，壁厚 9mm，内填 C30 混凝土；

　　斜支撑：圆钢管混凝土斜支撑材料采用 Q 345 钢，钢管直径为 200mm，壁厚 6mm，内填 C30 混凝土，如图 6-3 所示；

　　框架梁：三段式混合截面梁，梁两端为型钢混凝土截面梁，型钢采用 Q345 钢，混凝土采用 C30 混凝土；梁中间段为钢筋混凝土截面梁，钢筋采用 HRB400 级钢筋，混凝土采用 C30 混凝土，尺寸及配筋如图 6-4 所示；

　　叠合板：120mm 厚叠合板，双层双向配筋，如图 6-5 所示。

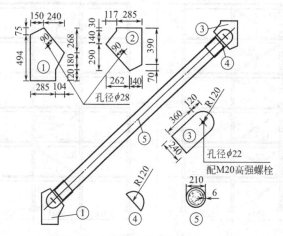

图 6-3　原型结构支撑详图（XC2）

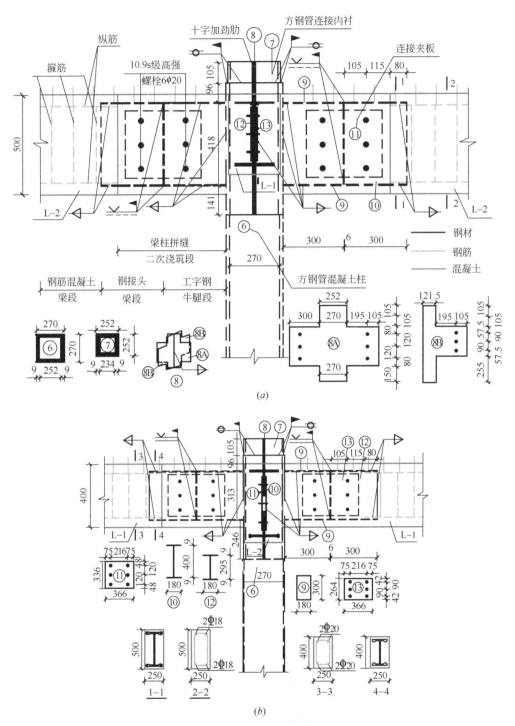

图 6-4　原型结构 2 轴-B 轴梁柱节点详图

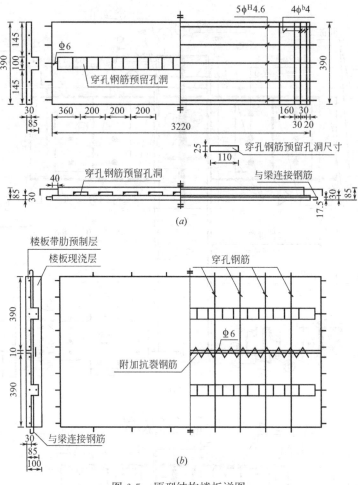

图 6-5 原型结构楼板详图

（*a*）楼板带肋预制层；（*b*）楼板拼接节点

6.1.2 模拟地震振动台设备

振动台设备为双台面台阵系统，由一个固定台和一个可移动台组成（图 6-6）。本次试验在固定台上进行，模拟地震振动台阵系统基本性能指标见表 6-1。

图 6-6 双台面台阵系统

模拟地震振动台为双台面台阵系统，其基本性能指标见表 6-1。

模拟地震振动台性能指标 表 6-1

性能	指标	备注
最大试件质量	2×35t	
台面尺寸	2m×3m×6m	
激振方向	X,Y,Z 三方向	
控制自由度	六自由度	X、Y:水平
振动激励	简谐振动、冲击、地震	Z:竖直
最大驱动位移	X/Y:±150mm,Z:±100mm	
最大驱动速度	X/Y:0.8m/s,Z:0.6m/s	
最大驱动加速度	X/Y/Z:±1.0g	
频率范围(Hz)	0~±50	

6.1.3 模型相似关系设计

满足缩尺模型与原型的相似关系是模型试验中至关重要的环节之一。模型设计、制作和地震激励输入应严格按照相似理论进行。模型结构只有在满足上述相似理论的前提下，才可按相似关系由模型试验结果推算出原型结构的相应地震反应，并和设计计算分析结果进行对比、分析。通常情况下，模型要做到与原型完全相似十分困难，因此模型设计时往往根据试验研究目的及内容的不同，重点突出主要结构材料及结构构件之间的相似，而忽略一些次要因素影响，同时还需要适当考虑试验室实际施工条件、吊装能力和振动台性能参数等因素的影响。

结构动力基本方程为：

$$m[\ddot{x}(t)+\ddot{x}_g(t)]+c\dot{x}(t)+kx(t)=0 \tag{6-1}$$

各物理量应满足以下方程：

$$S_m(S_{\ddot{x}}+S_{\ddot{x}_g})+S_c S_{\dot{x}}+S_k S_x=0 \tag{6-2}$$

根据量纲协调原理，以弹性模量、密度、长度、加速度相似常数表达上式，可得：

$$S_\rho S_l^3(S_a+S_a)+S_E\sqrt{\frac{S_l^3}{S_a}}\sqrt{S_a S_l}+S_E S_l^2=0 \tag{6-3}$$

$$\frac{S_E}{S_\rho S_a S_l}=1 \tag{6-4}$$

式（6-3）和式（6-4）即为模型试验结构动力学问题物理量相似常数需满足的相似条件，由此可知模型相似设计的思路如下：首先确定式（6-4）中的 3 个可控相似常数；其次由式（6-4）求出满足动力试验要求的第 4 个相似常数，并校核按主控相似常数设计的模型是否满足试验条件；最后由量纲分析法确定其余全部相似常数。

综合考虑振动台设备性能参数、试验室施工条件和吊装能力等因素，本试验首先确定模型结构几何相似常数 $S_l=1/3$；其次，确定材料的弹性模量比 $S_E=1$，加速度相似常数 $S_a=2$。本次试验最终采用的模型相似关系见表 6-2。

由原型结构质量按相似关系可计算得到模型理论总质量，模型理论总质量减去模型自身质量即为需要附加在模型结构上的配重。模型配重的分配原则为：沿模型结构竖向，附加配重后的各楼层质量分布满足原型结构各楼层间的质量比例关系；沿模型结构水平向，附加配重后的楼层质量的分布满足原型结构楼层质量分布关系。经计算得到原型总质量465.912t，其中构件总质量 391.5t，包括：框架柱质量 53.865t、框架梁质量 116.713t、楼板质量 201.798t，支撑质量 19.124t。活载按现行国家标准《建筑结构荷载规范》GB 50009 取值 $2kN/m^2$，并考虑楼面装修材料荷载取值 $0.5kN/m^2$，再乘以 0.5 的折减系数得活载等效质量 74.417t，得模型构件重 391.5/27＝14.5t，模型活载等效附加质量重 74.4174/27＝2.756t。质量相似比 $S_m=0.046$，模型总重 26.05t，其中包含配重 6.77t 以及底座重量 4.78t。

结构模型相似关系 表 6-2

物理参数	关系式	相似系数	物理参数	关系式	相似系数
长度	S_l	0.333	线荷载	$S_q=S_\sigma S_l$	0.274
线位移	$S_\delta=S_l$	0.333	面荷载	$S_p=S_\sigma$	0.823
角位移	$S_\varphi=S_\sigma/S_E$	1.000	力矩	$S_M=S_\sigma S_l^3$	0.030
应变	$S_\varepsilon=S_\sigma/S_E$	1.000	阻尼	$S_c=S_\sigma S_l^{1.5} S_a^{-0.5}$	0.112
弹性模量	$S_E=S_\sigma$	0.823	周期	$S_T=S_l^{0.5} S_a^{-0.5}$	0.408
应力	S_σ	0.823	频率	$S_f=S_l^{-0.5} S_a^{0.5}$	2.4495
泊松比	S_υ	1.000	速度	$S_v=(S_l S_a)^{0.5}$	0.816
质量密度	$S_\rho=S_\sigma/(S_a S_l)$	1.235	加速度	S_a	2.000
质量	$S_m=S_\sigma S_l^2/S_a$	0.046	重力加速度	S_g	1.000
集中力	$S_F=S_\sigma S_l^2$	0.091	—	—	—

6.1.4 模型材料

在缩尺模型力学试验中，往往需要采用替代材料来制作缩尺模型，合理地选用材料是确保试验结果能够较好反映原型结构的力学性能的关键。缩尺模型材料的选用应遵循以下原则：①符合相似要求。即选用的模型材料应满足模型设计时的相似条件，以使缩尺模型试验结果能通过相似条件推算原型结构的结果；②满足观测及量测需要。即采用所选模型材料制作的缩尺模型能反映原型结构的破坏特征，且缩尺模型的变形应在数据采集设备的量程范围内，从而保证试验数据的有效性和合理性；③材料性能稳定。由于缩尺模型尺寸较小，对周围环境（如温度、湿度等）也较为敏感，所以所选取的模型材料应在其所处环境中具有较为稳定的材料性能；④制作加工方便。选取的模型材料应符合绑扎、焊接等模型制作加工要求，以满足模型制作周期、节约制作成本。

本次试验的缩尺模型材料按照以上原则选取，为保证模型底座的强度与刚度，底座混凝土采用 C45 混凝土，底座钢筋采用 HRB400 级钢筋；在满足相似要求的前提下，便于模型混凝土的浇筑，原型结构用材中 C30 普通混凝土采用 C25 细石混凝土代替；梁箍筋、板受力钢筋采用镀锌铁丝代替。

6.1.5　试验步骤

在进行地震激励输入之前，应根据所选地震波的反应谱（图 6-7）及结构初始固有频率等参数，按照结构响应由小到大的次序输入地震激励，并在接下来的各个试验阶段不改变输入次序。本次试验的地震激励输入次序为：Taft 波-EI Centro 波-人工波。地震波持续时间相似比关系压缩为原地震波的 0.408 倍。各水准地震作用下，台面输入加速度峰值均按有关规范的规定及模型试验的相似要求进行调整，以模拟不同水准地震作用。本次模拟地震振动台激励输入准确度良好（图 6-8）。

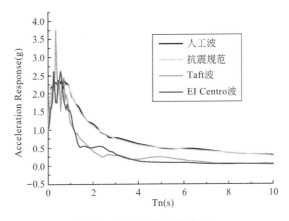

图 6-7　地震激励反应谱对比

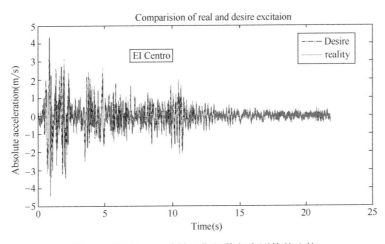

图 6-8　EI Centro 波输入期望值与实测值的比较

试验加载工况按照 X 向 7 度（0.10g）多遇、Y 向 7 度（0.10g）多遇、X 向 7 度（0.10g）基本、Y 向 7 度（0.10g）基本、X 向 7 度（0.10g）罕遇、Y 向 7 度（0.10g）罕遇、X 向 7 度（0.15g）罕遇、Y 向 7 度（0.15g）罕遇、X 向 8 度（0.20g）罕遇的顺序，对模型结构进行模拟地震试验。在不同水准地震波输入前后，对模型进行白噪声扫频，以测试模型结构自振频率、振型和阻尼比等动力特性参数。

本试验详细的试验工况见表 6-3。

结构模型振动台试验工况表 表 6-3

试验工况序号	试验工况编号	烈度	地震激励	地震输入值(g)		持续时间(s)	备注
				设定值	实际值		
1	W1	白噪声		0.05			
2	F7TX	7度(0.035g)多遇	Tafe	0.07			
3	F7EX		EI Centro	0.07			
4	F7AX		人工波	0.07			
5	W2	白噪声		0.05			
6	F7TY	7度(0.035g)多遇	Tafe	0.07			
7	F7EY		EI Centro	0.07			
8	F7AY		人工波	0.07			
9	W3	白噪声		0.05			
10	B7TX	7度(0.10g)基本	Tafe	0.20			
11	B7EX		EI Centro	0.20			
12	B7AX		人工波	0.20			
13	W4	白噪声		0.05			
14	B7TY	7度(0.10g)基本	Tafe	0.20			
15	B7EY		EI Centro	0.20			
16	B7AY		人工波	0.20			
17	W5	白噪声		0.05			
18	R7TX	7度(0.22g)罕遇	Tafe	0.44			
19	R7EX		EI Centro	0.44			
20	R7AX		人工波	0.44			
21	W6	白噪声		0.05			
22	R7TY	7度(0.22g)罕遇	Tafe	0.44			
23	R7EY		EI Centro	0.44			
24	R7AY		人工波	0.44			
25	W7	白噪声		0.05			
26	R7.5TX	7度(0.31g)罕遇	Tafe	0.62			
27	R7.5EX		EI Centro	0.62			
28	R7.5AX		人工波	0.62			
29	W8	白噪声		0.05			
30	R7.5TY	7度(0.31g)罕遇	Tafe	0.62			
31	R7.5EY		EI Centro	0.62			
32	R7.5AY		人工波	0.62			
33	W9	白噪声		0.05			
34	R8TX	8度(0.40g)罕遇	Tafe	0.80			

6.2 原型结构响应

6.2.1 试验模型破坏模式

模型各阶段的破坏采用不同的标识进行标记，分阶段记录模型受损情况模型结构破坏特征如图 6-9 所示。

破坏观测标记符号 表 6-4

序号	激励输入阶段	激励方向	标记符号	标记颜色
1	7 度多遇(0.10g)	X	1X	红
		Y	1Y	黑
2	7 度基本(0.10g)	X	2X	红
		Y	2Y	黑
3	7 度罕遇(0.10g)	X	3X	红
		Y	3Y	黑
4	7 度罕遇(0.15g)	X	4X	红
		Y	4Y	黑
5	8 度罕遇(0.20g)	X	5X	红

（1）7 度多遇（0.10）地震试验阶段

按加载顺序依次输入 Taft 波（X 向）、EI Centro 波（X 向）和人工波（X 向）。各地震波输入后，模型表面未发现可见裂缝，地震波输入结束后用白噪声扫频，发现模型自振频率未下降，说明结构未受损伤。

按加载顺序依次输入 Taft 波（Y 向）、EI Centro 波（Y 向）和人工波（Y 向）。各地震波输入后，模型表面未发现可见裂缝，地震波输入结束后用白噪声扫频，发现模型自振频率未下降，说明结构未受损伤。

（2）7 度基本（0.10）地震试验阶段

按加载顺序依次输入 Taft 波（X 向）、EI Centro 波（X 向）和人工波（X 向）。各地震波输入后，模型表面未发现可见裂缝，地震波输入结束后用白噪声扫频，发现模型自振频率未下降，说明结构未受损伤。

按加载顺序依次输入 Taft 波（Y 向）、EI Centro 波（Y 向）和人工波（Y 向）。各地震波输入后，模型表面未发现可见裂缝，地震波输入结束后用白噪声扫频，发现模型自振频率稍有下降，降至 2.80Hz（X 向主频）、2.58 Hz（Y 向主频），说明模型结构内部节点稍有松动。

（3）7 度罕遇（0.10）地震试验阶段

按加载顺序依次输入 Taft 波（X 向）、EI Centro 波（X 向）和人工波（X 向）。各地震波输入后，模型表面未发现可见裂缝，地震波输入结束后用白噪声扫频，发现模型自振频率稍有下降，2.69Hz（X 向主频）、2.53 Hz（Y 向主频），说明模型结构内部节点稍有松动。

按加载顺序依次输入 Taft 波（X 向）、EI Centro 波（X 向）和人工波（X 向）。在输入 EI Centro 波过程中，二层 4 轴、A～B 轴相交处斜支撑螺栓被剪断，在输入人工波过程中，三层 4 轴、B~C 轴相交处斜支撑螺栓被剪断，斜支撑失效，梁及梁板连接位置发现可见裂缝，斜支撑失效处相邻的梁破坏尤为严重，地震波输入结束后用白噪声扫频，Y 向频率下降明显，模型频率为 2.67Hz（X 向主频）、2.23Hz（Y 向主频），可见，在 Y 方向的激励作用下，Y 方向的频率下降速度明显快于 X 方向的频率下降速度。

（4）7 度罕遇地震（0.15g）试验阶段

按加载顺序依次输入 Taft 波（X 向）、EI Centro 波（X 向）和人工波（X 向）。在输入人工波过程中，三层 A 轴、2~3 轴和 C 轴、2~3 轴相交处斜支撑螺栓被剪断，可见结构摇晃剧烈，结构明显变柔，地震波输入结束后用白噪声扫频，发现模型结构 X 主频明显下降，模型频率降至 2.26Hz（X 向主频）、2.23Hz（Y 向主频）。

按加载顺序依次输入 Taft 波（Y 向）、EI Centro 波（Y 向）和人工波（Y 向）。三层 Y 向斜支撑失效，梁裂缝由梁侧延伸至梁底面，板底出现拉通裂缝，摇晃剧烈，摇晃过程中有混凝土块从高处坠落，Y 向频率急剧下降，模型频率降至 2.23Hz（X 向主频）、1.65Hz（Y 向主频）结构受到明显损伤。

（5）7 度罕遇地震（0.20g）试验阶段

输入 0.8g 的 Taft 波（X 向）后，结构的各方面破坏情况继续发展，结构摇晃极为剧烈，考虑到人身财产安全，并且已经达到试验目的，不再进行地震波输入，地震波输入结束后用白噪声扫频，发现模型结构 X 主频明显下降，模型频率降至 1.80Hz（X 向主频）、1.65Hz（Y 向主频）。

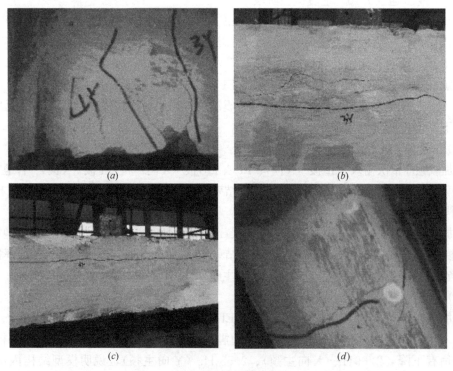

图 6-9　模型结构破坏特征照片（一）

（a）二层梁端竖向裂缝；（b）一层楼板梁连接交界面裂缝；

（c）一层楼板梁连接交界面横向裂缝；（d）三层梁侧至梁底贯通裂缝

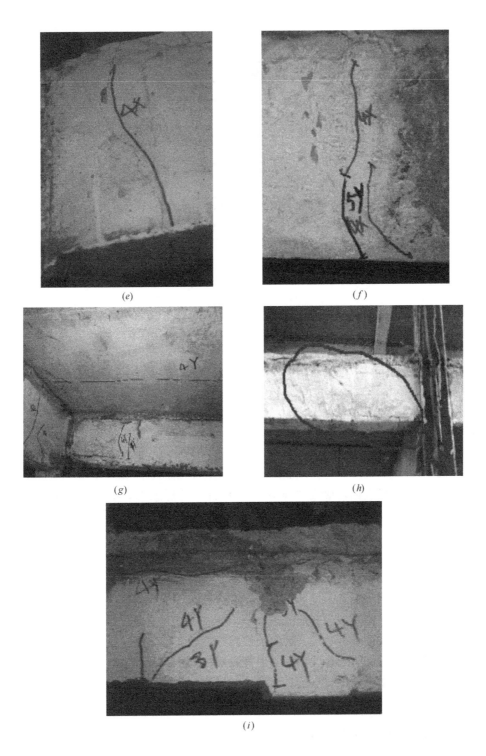

图 6-9　模型结构破坏特征照片（二）

（e）三层梁侧至梁底贯通裂缝；（f）典型梁侧面裂缝的延伸发展；

（g）二层板底拉通裂缝；（h）典型型钢段与钢筋混凝土段交界处斜向裂缝；

（i）梁端型钢结构下部保护层混凝土掉落

(*j*)

图 6-9　模型结构破坏特征照片（三）

（*j*）梁、楼板典型裂缝

（6）模型结构破坏现象总结

通过模型模拟地震振动台试验获得了整体结构的整体抗震性能、失效路径及结构构件破坏形态。直到试验结束，模型结构的破坏现象可简要归纳汇总如下：

柱脚连接：整个试验过程中，柱脚保持完好，无螺栓松动、混凝土压碎情况，可见柱脚连接可靠；

柱与柱连接：整个试验过程中，柱与柱连接可靠，柱未受到损伤；

框架梁：随着地震激励的加大，框架梁破坏愈为明显，框架梁的破坏主要集中在型钢接头梁段与钢筋混凝土梁段的交界截面附近，离梁柱节点核心区域有一定距离，使得梁柱截面核心区域未受明显破坏，形成"强节点-弱构件"的理想失效机制，梁裂缝形态主要为斜裂缝，由梁两侧向底部贯通，最终形成梁侧面、底面贯通裂缝；

楼板：地震输入过程中，楼板与梁交界处有错动，出现与梁交界面的水平向贯通裂缝，7 度罕遇地震（0.62g）输入后，楼板底部出现贯通裂缝，但破坏并不严重；

斜支撑连接节点：斜支撑连接节点较为薄弱，失效均为连接高强螺栓的剪切破坏，这是由于高强螺栓的抗剪承载力明显弱于斜支撑本身的拉压承载力，使得斜支撑性能不能完全有效地发挥，斜支撑连接形式有待改进；

结构失效路径：此体系有明显清晰的失效路径，破坏始于梁型钢接头梁段与钢筋混凝土梁段的交界截面附近的裂缝开展，随着地震激励加大，斜支撑失效，进而加剧了梁的破坏，在整个试验过程中，梁柱节点核心区域保持完好，柱亦无明显的破坏，可知此体系具有"强柱-弱梁""强节点-弱构件"的理想失效路径。

6.2.2　模型结构动力特性

在不同水准地震作用前后，均采用白噪声对结构模型进行扫频。通过随机子空间识别协方差驱动法（协方差驱动 SSI 法），协方差驱动 SSI 法的主要思想是以状态空间模型为识别模型，以协方差为统计量，利用信号和噪声的不相关性来去除噪声，最后采用奇异值分解法来识别结构的模态参数。该方法适用于平稳激励，采集到的数据不

需要交换，也不受任何变换函数的假定条件限制。试验模型的频率、振型及阻尼比的
识别过程为：首先根据结构加速度响应的原始数据构建 Hankel 矩阵，再经协方差计
算得到 Toeplitz 矩阵，最后用奇异值分解技术和相关运算后便可辨识出结构的模态
参数。

对各加速度测点的频谱特性及加速度时程反应进行分析，得到了模型初始状态下以及
各激励阶段后的频率、振型以及阻尼比。通过 SSI 法得出的各激励阶段后的频率与初始频
率的对比见图 6-10。图 6-11 给出了模型 X 向、Y 向一阶频率在振动台试验过程中的变化。
表 6-5 给出了模型结构在不同水准地震前后的自振频率、阻尼比和振型形态。

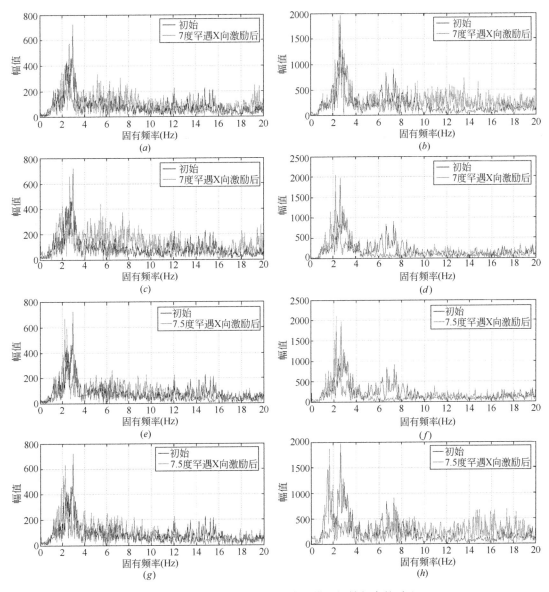

图 6-10　各阶段激励后模型频率与模型初始频率的对比

（*a*）X 向频率；（*b*）Y 向频率；（*c*）X 向频率；（*d*）Y 向频率；
（*e*）X 向频率；（*f*）Y 向频率；（*g*）X 向频率；（*h*）Y 向频率

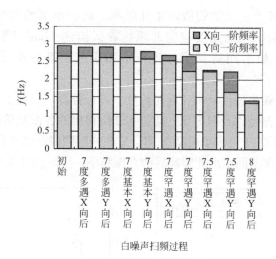

白噪声扫频过程

图 6-11 模型结构频率变化

模型结构自振频率、阻尼比与振型形态   表 6-5

工况	参数	一阶	二阶	三阶
初始	频率(Hz)	2.96	2.65	15.5
	阻尼比(%)	8.32	7.34	5.03
	振型形态	X向平动	Y向平动	X向平动
7度多遇X向	频率(Hz)	2.96	2.65	15.5
	阻尼比(%)	8.30	7.32	5.03
	振型形态	X向平动	Y向平动	X向平动
7度多遇Y向	频率(Hz)	2.96	2.65	15.5
	阻尼比(%)	8.32	7.32	5.03
	振型形态	X向平动	Y向平动	X向平动
7度基本X向	频率(Hz)	2.96	2.65	15.5
	阻尼比(%)	8.26	4.28	6.17
	振型形态	X向平动	Y向平动	X向平动
7度基本Y向	频率(Hz)	2.80	2.58	15.28
	阻尼比(%)	11.03	7.07	8.5
	振型形态	X向平动	Y向平动	X向平动
7度罕遇X向	频率(Hz)	2.69	2.53	13.79
	阻尼比(%)	8.73	10.09	16.99
	振型形态	X向平动	Y向平动	X向平动
7度罕遇Y向	频率(Hz)	2.67	2.23	12.83
	阻尼比(%)	6.66	44.13	15.55
	振型形态	X向平动	Y向平动	X向平动

续表

工况	参数	一阶	二阶	三阶
7.5 度罕遇 X 向	频率(Hz)	2.26	2.23	11.99
	阻尼比(%)	8.84	30.97	10.82
	振型形态	X 向平动	Y 向平动	X 向平动
7.5 度罕遇 Y 向	频率(Hz)	2.23	1.65	11.26
	阻尼比(%)	7.58	13.31	10.37
	振型形态	X 向平动	Y 向平动	X 向平动
8 度罕遇 X 向	频率(Hz)	1.80	1.65	8.96
	阻尼比(%)	13.04	11.58	21.11
	振型形态	X 向平动	Y 向平动	X 向平动

从上述试验结果可以看出：

（1）模型结构初始状态前两阶振型频率分别为 2.96Hz（X 向平动）、2.65 Hz（Y 向平动）；

（2）模型结构初始状态的低阶振型的振动形态主要为整体平动；

（3）模型结构频率随输入地震动幅值的加大而降低，随着结构破坏加剧，模型实测阻尼比有逐渐增大的趋势；

（4）X 向地震激励对模型 X 向的频率影响较大，而对 Y 向频率无明显影响。Y 向地震激励对模型 Y 向的频率影响较大，而对 X 向频率无明显影响。

图 6-12 为各地震激励输入后，模型结构 X 向和 Y 向前两阶振型的变化。由图 6-12 可知，在初始状况下，结构质量及刚度均匀分布，X 向和 Y 向一阶振型近似呈线性分布；在7 度多遇及基本地震作用下，结构未受到明显损伤，结构振型相对于其初始振型未有明显变化；由结构的破坏现象可知，从七度罕遇地震作用阶段开始，模型结构 2 层和 3 层最先发生破坏现象，部分支撑开始失效，破坏现象较其余层更为严重，2 层和 3 层发生了明显的刚度退化，其他层刚度退化相对滞后，在图 6-12 中表现为 X 向和 Y 向的一阶振型曲线越来越曲折，同时，二阶振型曲线在 2 层和 3 层位置相对于初始振型曲线发生了明显的偏离，二阶振型曲线的弯曲程度愈加明显。

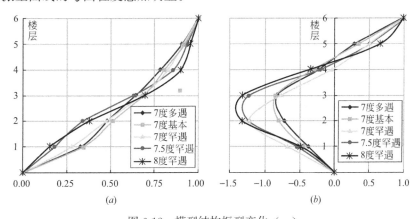

图 6-12　模型结构振型变化（一）

（a）X 向一阶振型；（b）X 向二阶振型

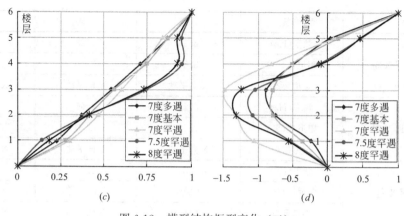

图 6-12　模型结构振型变化（二）

(*c*) Y 向一阶振型；(*d*) Y 向二阶振型

6.2.3　模型结构加速度反应

结构加速度放大系数是反映上部结构对地震加速度放大作用的重要指标，表示为：

$$\alpha_i = \frac{\max[\ddot{x}_i(t)]}{\max[\ddot{x}_g(t)]} \tag{6-5}$$

式中，$\ddot{x}_g(t)$ 为地震激励加速度时程；$\ddot{x}_i(t)$ 为第 i 层的地震加速度响应时程。

图 6-13 给出了各地震作用下模型结构的加速度放大系数。从图中可以看出，随地震作用的加剧，结构的加速度放大系数并没有总体明显增大或减小的趋势。对于地震作用较小的阶段，如 7 度多遇烈度试验阶段和 7 度基本烈度试验阶段，加速度放大系数随楼层的增高而增大；对于地震作用较大的阶段，如 7 度罕遇烈度试验阶段、7.5 度罕遇烈度试验阶段和 8 度罕遇烈度试验阶段，加速度放大系数随楼层的分布曲线主要呈 S 形，底层的加速度放大系数最小，在 2 层和 3 层有所增大，在 4 层和 5 层又有所减小，最后在结构顶部放大，这说明刚度明显退化的楼层有使加速度放大系数进一步放大的作用。

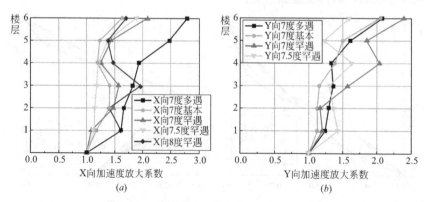

图 6-13　模型结构加速度放大系数（一）

(*a*) X 向 Taft 波；(*b*) Y 向 Taft 波

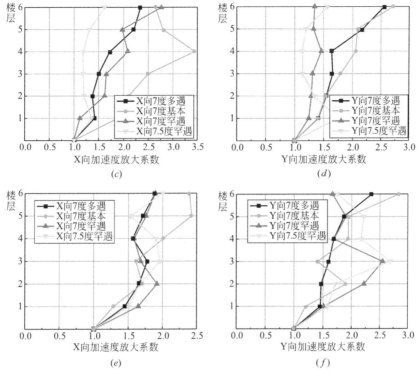

图 6-13 模型结构加速度放大系数（二）

（c）X 向 EI Centro 波；（d）Y 向 EI Centro 波；
（e）X 向人工波；（f）Y 向人工波

6.2.4 模型结构位移反应

图 6-14 为不同阶段地震作用下模型结构各楼层相对于底座的位移最大值。从图中可以看出，随地震作用的加剧，结构的总体位移响应明显增大，并随楼层的增高而增大；同一峰值的不同地震波对结构激起的响应有较大差别，人工波对结构激起的响应最大，EI Centro 波次之，Taft 波最小；对于地震作用较小的阶段，如 7 度多遇烈度试验阶段和 7 度基本烈度试验阶段，位移响应随楼层近似呈线性分布；对于地震作用较大的阶段，如 7 度罕遇烈度试验阶段、7.5 度罕遇烈度试验阶段和 8 度罕遇烈度试验阶段，可以明显看出对于 X 向，结构 2 层、3 层的层间相对位移明显大于其余楼层的层间相对位移，对于 Y 向，结构 2 层、3 层和 4 层的层间相对位移明显大于其余楼层的层间相对位移，由此可知，结构刚度退化明显楼层的层间相对位移明显大于其他层的层间相对位移。

表 6-6 列出了各个阶段各类地震作用下，结构的最大层间位移角。由表 6-6 可知，7 度多遇烈度试验阶段和 7 度基本烈度试验阶段，层间位移均较小，同一激励作用下模型结构的层间位移角在各个楼层均有出现；自 7 度罕遇烈度试验阶段开始，相继失效，层间位移角迅速增大，最大层间位移角产生在 1 层顶-2 层顶和 2 层顶-3 层顶处，大多由人工波激励引起。对于各个地震激励阶段，Taft 波激起的层间位移角明显小于 EI Centro 波和人工波激起的层间位移角；现行国家标准《建筑抗震设计规范》GB 50011 所建议的框架结构

弹性和弹塑性层间位移角限值分别为 1/550 和 1/50，由表 6-6 可知，在 7 度多遇烈度试验阶段和 7 度基本烈度试验阶段，最大层间位移角为 1/625，满足弹性层间位移角限值 1/550 的要求，在 7 度罕遇烈度试验阶段，最大层间位移角为 1/99，满足弹塑性层间位移角限值 1/50 的要求，在 7.5 度罕遇烈度试验阶段和 8 度罕遇烈度试验阶段，最大层间位移角为 1/49，稍超出弹塑性层间位移角限值 1/50 的要求。由此可知，在本文结构设计所采用的抗震设防烈度 7 度所对应的地震激励作用下，结构可满足现行国家标准《建筑抗震设计规范》GB 50011 所规定的层间位移角的限值要求。

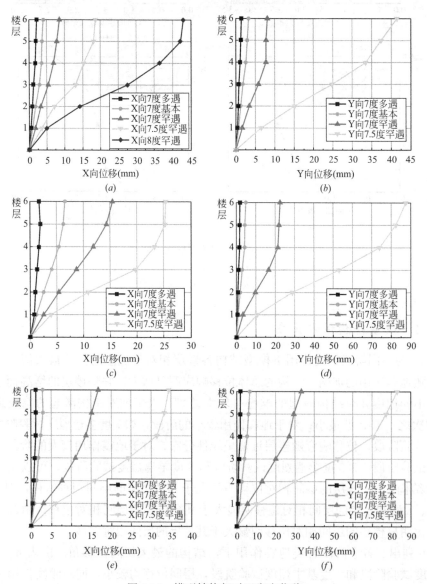

图 6-14 模型结构相对于底座位移

(a) X 向 Taft 波；(b) Y 向 Taft 波；(c) X 向 EI Centro 波；
(d) Y 向 EI Centro 波；(e) X 向人工波；(f) Y 向人工波

模型结构最大层间位移角　　　　　　　　　　　　　　　表 6-6

激励阶段	激励类型	激励方向	最大层间位移角	出现位置
7 度多遇烈度试验阶段	Taft 波	X	1/1119	6 层
		Y	1/2143	4 层
	EI Centro 波	X	1/1571	1 层
		Y	1/1466	4 层
	人工波	X	1/1466	6 层
		Y	1/1460	4 层
7 度基本烈度试验阶段	Taft 波	X	1/909	3 层
		Y	1/1123	4 层
	EI Centro 波	X	1/625	4 层
		Y	1/769	3 层
	人工波	X	1/1303	2 层
		Y	1/625	4 层
7 度罕遇烈度试验阶段	Taft 波	X	1/455	3 层
		Y	1/476	2 层
	EI Centro 波	X	1/303	3 层
		Y	1/172	3 层
	人工波	X	1/227	2 层
		Y	1/149	2 层
7.5 度罕遇烈度试验阶段	Taft 波	X	1/204	3 层
		Y	1/119	3 层
	EI Centro 波	X	1/133	3 层
		Y	1/49	3 层
	人工波	X	1/99	2 层
		Y	1/53	3 层
8 度罕遇烈度试验阶段	Taft 波	X	1/83	3 层

6.2.5 模型结构扭转响应

表 6-7 列出了各个阶段模拟地震激励作用下，扭转响应最大楼层的楼层扭转角。由表 6-7 可知，结构扭转角最大值随地震激励的加剧而增大；从 7 度罕遇阶段开始，楼层扭转角迅速增大，这主要是由于部分支撑失效造成了平面刚度的不对称，在同一激励阶段，Y 向激励作用下的扭转角大于 X 向激励作用下的扭转角，且 EI Centro 波和人工波所激起的层扭转角要比 Taft 波激起的层扭转角大；由于从 7 度罕遇阶段开始，结构 2-4 层的支撑逐渐失效，使得结构出现平面刚度不对称，故从 7 度罕遇阶段开始，最大层扭转角均出现在 2-4 层。

模型结构最大层扭转角 表6-7

激励阶段	激励类型	激励方向	最大层间位移角	出现位置
7度多遇烈度试验阶段	Taft波	X	1/2944	6层
		Y	1/1842	4层
	EI Centro波	X	1/1490	1层
		Y	1/1466	4层
	人工波	X	1/1466	6层
		Y	1/1460	4层
7度基本烈度试验阶段	Taft波	X	1/909	3层
		Y	1/1123	4层
	EI Centro波	X	1/625	4层
		Y	1/769	3层
	人工波	X	1/1303	2层
		Y	1/625	4层
7度罕遇烈度试验阶段	Taft波	X	1/455	3层
		Y	1/476	2层
	EI Centro波	X	1/303	3层
		Y	1/172	3层
	人工波	X	1/227	2层
		Y	1/149	2层
7.5度罕遇烈度试验阶段	Taft波	X	1/204	3层
		Y	1/119	3层
	EI Centro波	X	1/133	3层
		Y	1/49	3层
	人工波	X	1/99	2层
		Y	1/53	3层
8度罕遇烈度试验阶段	Taft波	X	1/83	3层

6.2.6 模型结构应变反应

在振动台试验过程中观察到，部分框架梁的钢筋混凝土梁段与工字型钢接头梁段交界位置形成了塑性铰，裂缝由梁底贯通至梁侧面；柱在整个试验过程中具有良好的工作性能。对于钢筋混凝土、钢管混凝土以及型钢混凝土构件，评判其进入屈服的准则为：当构件内部主要受力型钢（钢筋）达到材料屈服应力或屈服应变。为从构件层次上更深入地探究结构构件在地震激励下的工作性能，本次试验在1、3、5层的梁纵向受力钢筋及钢接头梁段的工字形钢上翼缘处布置了应变片，并在1-6层的柱底布置了应变，如图6-15所示。为说明振动台试验过程中，各型钢（钢筋）测点的应变情况，对应变片进行编号：应变测点A-E布置于1、3、5层，应变测点A、D布置于梁跨中下部纵筋处；应变测点B、E布置于工字型钢接头梁段与钢筋混凝土梁段交界面附近钢筋混凝土梁段截面上部纵筋处；应变测点 C、F 布置于工字形钢接头梁段与钢筋混凝土梁段交界面附近工字形钢接头梁段截面上翼缘外侧；应变测点 G、H 布置于 1-6 层，分别测量 Y 向和 X 向各层柱脚的竖向应变。

图 6-16 给出了 7 度 X 向基本地震阶段人工波激励下 1、3、5 层梁内应变测点时程，由图 6-16 可知，7 度基本地震作用阶段钢筋和型钢的应变均很小，不到 0.03%；在振动台试验中，对于激励加速度峰值较小的试验阶段，结构响应的测量受到振动台及测试设备背景噪声的影响，不够清晰，经相似比转换后的人工波激励持时 15.06s，理论上，由于阻尼的影响，15.06s 后的结构响应进入一个逐渐衰减的过程，然而从图中可以看出，15.06s 后结构响应有一个稍微放大的区间，这是由于振动台及设备的背景噪声造成的。

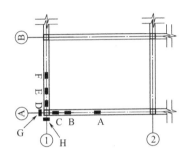

图 6-15　梁柱应变片 A-E 位置

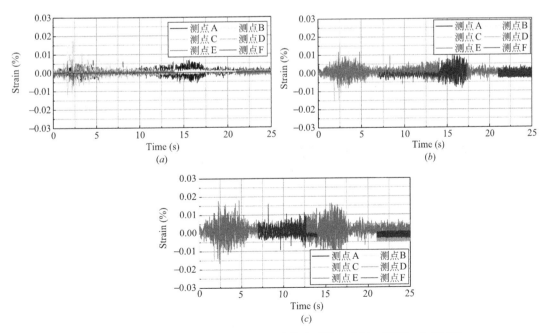

图 6-16　7 度 X 向基本地震阶段人工波激励下梁内型钢（钢筋）应变时程
(a) 1 层；(b) 3 层；(c) 5 层

图 6-17 给出了 7 度 X 向罕遇地震阶段人工波激励下 1、3、5 层梁内应变测点时程，

由图 6-17 可知，在罕遇地震作用下，型钢翼缘和受力纵筋的应变响应相对于基本地震阶段的响应均有明显增大；且 X 向地震作用下，X 向框架梁内型钢翼缘和受力纵筋的应变明显大于 Y 向框架梁内型钢翼缘和受力纵筋的应变，说明 X 向地震激励对 X 向框架梁的破坏性更大；应变测点 B、C 分别布置于工字型钢接头梁段与钢筋混凝土梁段交界面附近的钢筋混凝土梁段截面上部纵筋处和工字型钢接头梁段截面上翼缘外侧，由图 6-17（a）（c）（e）可知，工字型钢翼缘的应变与其相连接的钢筋混凝土梁纵筋应变的振动规律相符合，工字型钢翼缘应变约为与其相连接的钢筋混凝土梁纵筋应变的 1/3-2/3，这表示钢筋混凝土梁段与工字钢接头梁段之间传力良好；1 层梁内的型钢（纵筋）的峰值应变响应最大，3 层次之，5 层最小，1 层 B 测点的钢筋应变达到 0.175%，已接近钢筋的屈服应变。

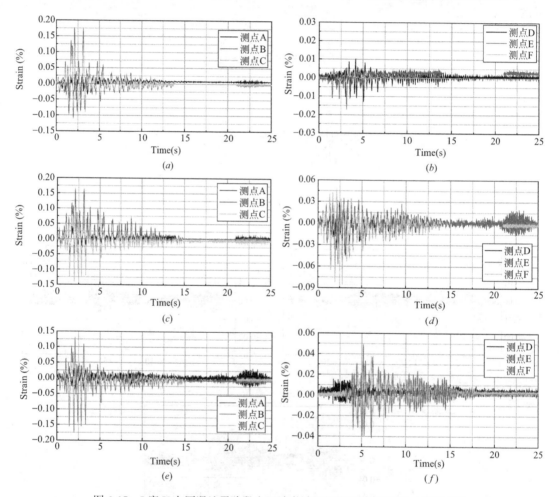

图 6-17　7 度 X 向罕遇地震阶段人工波激励下梁内型钢（钢筋）应变时程
（a）1 层测点 A、B、C；（b）1 层测点 D、E、F；
（c）3 层测点 A、B、C；（d）3 层测点 D、E、F；
（e）5 层测点 A、B、C；（f）5 层测点 D、E、F

图 6-18 和图 6-19 分别给出了 7.5 度罕遇地震阶段 X 向和 Y 向人工波激励下 1、3、5 层梁内应变测点时程。由图 6-18 和图 6-19 可知，在 7.5 度罕遇地震 X 向人工波激励过程

中，监测范围内 X 向框架梁纵筋进入屈服，而 Y 向框架梁纵筋未进入屈服阶段，表现为 B 测点纵筋应变超过其屈服应变 0.2%，其中，3 层 B 测点纵筋应变达到 0.954%，远超纵筋屈服应变，在 7.5 度罕遇地震 Y 向人工波激励过程中，监测范围内 Y 向框架梁纵筋进入屈服阶段，表现为 E 测点纵筋应变超过其屈服应变 0.2%，其中，1 层 E 测点纵筋应变高达 2.597%，激励结束后屈服纵筋产生了不可恢复的塑性变形；前已述及，在 7 度罕遇 X 向人工波激励下，工字型钢翼缘应变约为与之相连接的钢筋混凝土梁纵筋应变的 1/3-2/3，然而随着地震激励的加剧，工字型钢翼缘应变并没有随钢筋混凝土梁纵筋应变的增长而成比例增长，这是由于梁内纵筋进入屈服后，应力增长缓慢而应变迅速增长，而工字钢翼缘始终未进入屈服；钢接头梁段与钢筋混凝土梁段交界位置附近的纵筋屈服是框架梁进入屈服破坏的控制因素，此位置也是试验过程中观测到的梁塑性铰形成位置；对比 7 度罕遇地震阶段和 7.5 度罕遇地震阶段的结构振动频率可知，随着模拟地震激励的加剧，结构周期明显增长。

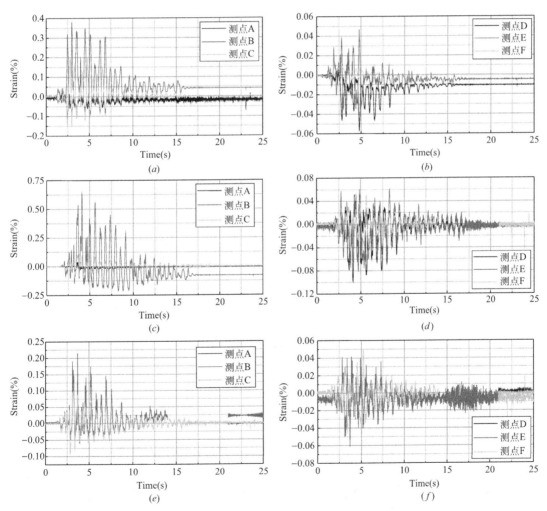

图 6-18　7.5 度 X 向罕遇地震阶段人工波激励下梁内型钢（钢筋）应变时程

(a) 1 层测点 A、B、C；(b) 1 层测点 D、E、F；(c) 3 层测点 A、B、C；
(d) 3 层测点 D、E、F；(e) 5 层测点 A、B、C；(f) 5 层测点 D、E、F

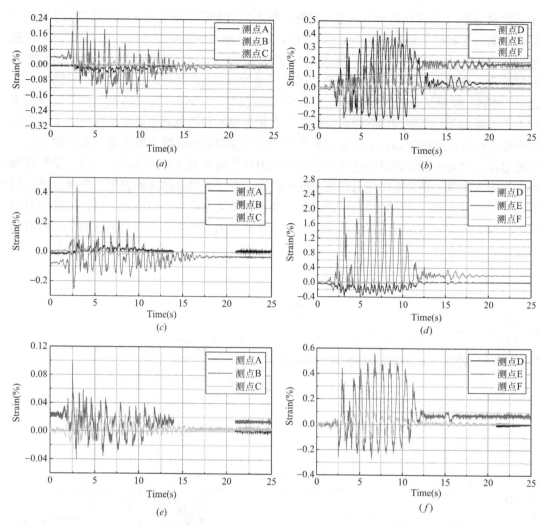

图 6-19 7.5 度 Y 向罕遇地震阶段人工波激励下梁内型钢（钢筋）应变时程
（a）1 层测点 A、B、C；（b）1 层测点 D、E、F；（c）3 层测点 A、B、C；
（d）3 层测点 D、E、F（e）5 层测点 A、B、C；（f）5 层测点 D、E、F

图 6-20 给出了 7 度基本地震作用阶段 X 向人工波作用下，1-6 层各层方钢管混凝土柱底部方钢管表面 X 向（应变测点 H）和 Y 向（应变测点 G）纵向应变时程。由图可知，7 度基本地震作用阶段 X 向人工波作用下柱方钢管的应变时程很小；X 向应变大于 Y 向应变；1 层方钢管由于柱脚加劲肋的保护，纵向应变小于 2 层柱底纵向应变，除 1 层外，2-5 层方钢管柱纵向应变随着楼层的增高而减小。

图 6-21 和图 6-22 分别给出了 7.5 度罕遇地震作用阶段 X 向和 Y 向人工波激励作用下，1-6 层各层方钢管混凝土柱底部方钢管表面 X 向（应变测点 H）和 Y 向（应变测点 G）纵向应变时程。由图可知，此阶段柱底应变相对于 7 度基本地震作用阶段有明显的增大；1 层方钢管由于柱脚加劲肋的保护，纵向应变稍小于 2 层柱底纵向应变，除 1 层外，2-5 层方钢管柱纵向应变随着楼层的增高而减小，但在 7.5 度 Y 向罕遇人工波激励下，1 层测点 G 应变已超过 1 层测点 G 的应变；振动台试验过程中，虽然柱并未进入屈服，但

在 7.5 度罕遇地震作用阶段，1、2 层柱底的应变已接近屈服应变，Y 向人工波激励后，1、2 层柱底留下了很小的残余变形。

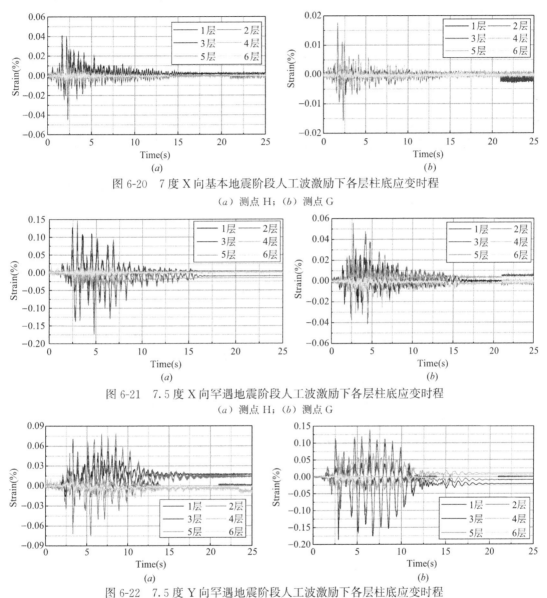

图 6-20　7 度 X 向基本地震阶段人工波激励下各层柱底应变时程

（a）测点 H；（b）测点 G

图 6-21　7.5 度 X 向罕遇地震阶段人工波激励下各层柱底应变时程

（a）测点 H；（b）测点 G

图 6-22　7.5 度 Y 向罕遇地震阶段人工波激励下各层柱底应变时程

（a）测点 H；（b）测点 G

6.3　破坏模式及机理

由振动台试验模型结构的破坏过程可获得整体结构的失效路径，本节将振动台试验模型结构的失效路径与前述章节足尺节点试验试件和足尺框架试验试件的失效路径和破坏模式进行对比，从构件层面和结构整体层面进一步验证装配式劲性柱混合梁框架结构的失效路径与破坏模式。

6.3.1 振动台试验模型破坏模式及失效机制

在地震作用下，破坏始于工字型钢接头梁段与钢筋混凝土梁段交界位置混凝土的微裂缝开展；当结构层间位移超过支撑的屈服层间位移后，支撑进入屈服；随着地震作用的加剧，支撑连接端板变形，部分连接高强螺栓剪切面由于产生应力集中而失效，由于失去了支撑的保护，失效支撑附近的梁裂缝逐渐加宽、延伸，形成拉通裂缝，同时，部分楼板底部出现拉通裂缝；随着地震激励的继续加剧，各层支撑相继失效，梁破坏进一步加剧，结构逐渐变柔，在整个破坏发展过程中，方钢管混凝土柱未受到可见破坏，结构整体具有"强柱-中梁-弱支撑"的理想失效路径；同时，梁柱节点因具有由柱方钢管和柱连接内衬形成的双层方钢管外壁及十字加劲肋，具有更高的强度与延性，并且梁的破坏点位于工字钢接头梁段与钢筋混凝土梁段交界位置，距梁柱节点核心区域有一定距离，使得当其他构件破坏严重时，梁柱节点仍保持完好，整个结构整体具有"强节点-弱构件"的理想失效机制。

6.3.2 梁柱节点试件破坏模式及失效路径

带楼板足尺梁柱节点详图如图 6-23 所示。图 6-24 描述了前期带楼板梁柱节点梁端竖向低周往复荷载试验中，带楼板梁柱节点试件损伤现象和破坏模式。由图 6-24 可知，试件损伤始于工字型钢混凝土接头梁段与钢筋混凝土梁段交界位置附近初始受弯裂缝的开展；随着梁端位移的加大，初始裂缝附近的受弯及弯剪裂缝大量开展，逐渐形成主裂缝；最后，试件于型钢接头梁段与钢筋混凝土梁段交界面附近发生剪切破坏。由节点试件的破坏现象可知：当梁上形成塑性铰时，钢管混凝土柱仍具有良好的工作性能（其中部分节点试件的钢管混凝土柱发生微弯现象），梁柱节点区域在整个试验过程中未发生可见损伤，从而该类节点具有"强柱-弱梁"以及"强节点-弱构件"的理想失效路径；试件破坏位置位于型钢接头梁段与钢筋混凝土梁段交界面，离节点核心区域有一定距离，从而保证了节点核心区域的完整性。

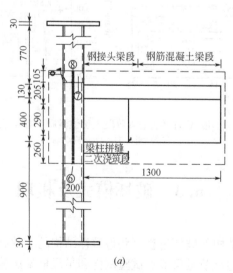

(a)

图 6-23　足尺节点试件详图（一）

(a) 梁柱节点试件尺寸

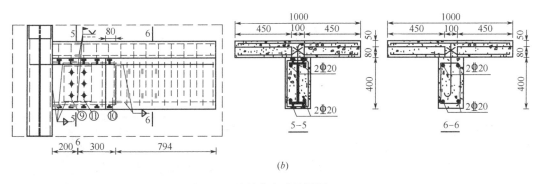

(b)

图 6-23　足尺节点试件详图（二）

（b）节点试件梁板详图

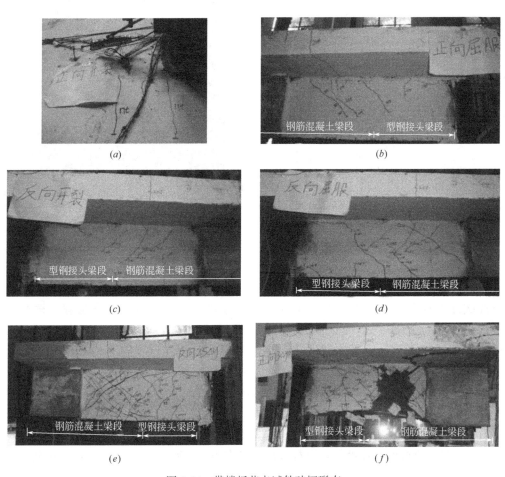

图 6-24　带楼板节点试件破坏形态

（a）正向加载板顶开裂；（b）正向加载屈服；（c）反向加载开裂；

（d）反向加载屈服；（e）主斜裂缝形成；（f）试件破坏

6.3.3 框撑试件破坏模式及失效路径

装配式劲性柱混合梁框架结构试件详图如图 6-25 所示，在试验中对试件顶部施加了水平低周往复荷载。图 6-26 描述了前期单榀双层装配式劲性柱混合梁框架结构低周往复荷载试验中，足尺框架试验试件的损伤现象和破坏模式。

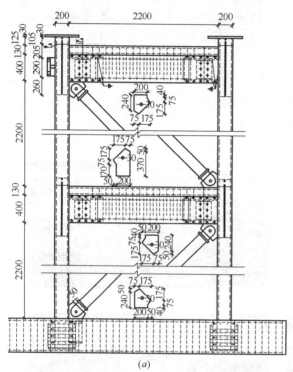

(a) (b)

图 6-25 足尺框架试验件
(a) 框撑试件详图；(b) 框撑试件照片

当正向加载至层间水平位移约为 7.3mm 时，支撑系统进入屈服。继续正向加载至框撑试件顶端水平位移为 37.6mm 时，总框架进入正向屈服，反向加载至框撑试件顶端水平位移为 37mm 时，总框架进入反向屈服；加载至 $1.5\Delta_y$（Δ_y 为总框架屈服位移）和 $2\Delta_y$ 时，钢筋混凝土梁段与型钢混凝土梁段交界位置附近均出现大量细长斜裂缝。加载至 $3\Delta_y$ 时，随着荷载的增大，梁中间层梁两个方向的主斜裂缝贯通，宽度接近 15mm，混凝土被压碎并大块掉落，露出弯曲变形的纵筋和箍筋，试件破坏裂缝（图 6-26 (g)-(h)）。

由框撑试件的破坏现象可知：支撑系统先于总框架屈服，当梁上形成塑性铰时，钢管混凝土柱仍具有良好的工作性能，梁柱节点区域在整个试验过程中未发生可见损伤，从而该类节点具有"强 SCFST 柱-中 RC 梁-弱 CCFST 支撑"以及"强节点-弱构件"的理想失效路径；试件破坏位置位于型钢接头梁段与钢筋混凝土梁段交界面，离节点核心区域有一定距离，从而保证了节点核心区域的完整性。

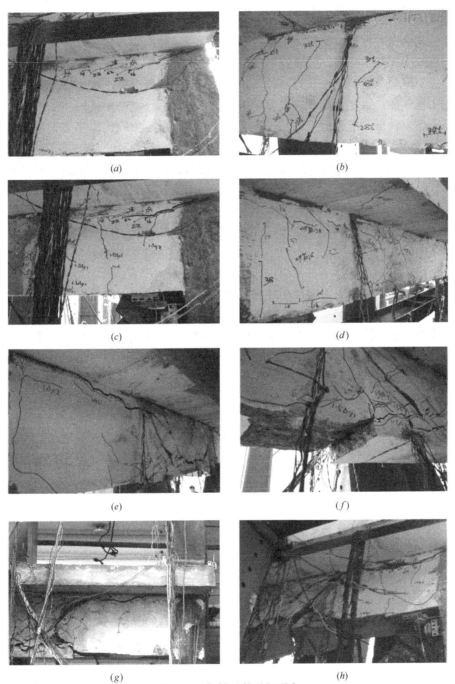

图 6-26　框撑试件破坏形态

（a）正向加载板底裂缝发展；（b）反向加载屈服顶层梁端裂缝；

（c）1.5Δ_y1 层梁端板底水平裂缝加宽；（d）2Δ_y 加载 2 层梁裂缝部分开展；

（e）2.5Δ_y 加载梁身出现齿状裂缝；（f）2.5Δ_y 加载大块混凝土剥落；

（g）3Δ_y 加载梁正反向主裂缝贯通；（h）3Δ_y 加载混凝土被压碎破坏

6.3.4 失效模式及破坏机制对比

对比振动台试验模型、梁柱节点试件和单榀框撑试件的失效模式和破坏机制可知，三类试件的失效模式基本相同：塑性铰形成于框架梁的钢筋混凝土梁段与型钢混凝土梁段交界位置，主裂缝为宽斜裂缝，呈剪切破坏；梁柱节点与钢管混凝土柱在整个加载过程中具有良好的工作性能；梁塑性铰形成位置距梁柱核心区域有一定的距离，从而梁柱核心区域保持完好。振动台试验模型由于尺寸较小，未在型钢混凝土梁段的工字型钢翼缘外侧设置抗剪栓钉，从而在梁塑性铰形成后，出现了型钢混凝土梁段混凝土保护层剥落的现象，而梁柱节点试件和单榀劲性柱混合梁框架结构试件的型钢混凝土梁段工字型钢翼缘外侧均设置了抗剪栓钉，从其试验破坏形态可知，工字型钢翼缘外侧的抗剪栓钉有效地控制了型钢混凝土梁段混凝土保护层的剥落。三类试验试件的失效机制相同：均符合"强柱-中梁-弱支撑"和"强节点-弱构件"的理想失效机制。

6.3.5 结构相对薄弱部位

模型试验过程中未发现结构存在可能致使结构倒塌的明显薄弱楼层，但存在如下相对薄弱部位：①结构部分楼层在强震下会因支撑失效而造成该层加速度和位移及扭转响应的放大；②支撑连接形式宜稍作改进。本次振动台试验中，在支撑屈服后，由于反复的强震作用，部分支撑节点高强度螺栓因应力集中而被剪断，造成了支撑的失效，改进支撑连接节点的形式有益于更充分地发挥支撑的耗能性能，延缓梁的裂缝发展。

6.4 数值分析

6.4.1 模型建立

(1) 圆钢管混凝土支撑

圆钢管混凝土支撑与梁柱节点的连接形式为铰接，在理论上属于轴力杆单元，仅承受轴向荷载，因此，对于圆钢管混凝土支撑，可假定应力在截面上均匀分布，原来垂直于轴线的截面变形后仍保持和轴线垂直。如以位移为基本未知量，则问题归结为求解轴线位移函数 $u(x)$。从以上基本假设出发，圆钢管混凝土支撑的受力基本方程如下：

几何关系 $$\varepsilon_x = \frac{du}{dx} \tag{6-6}$$

应力应变关系 $$\sigma_x = E\varepsilon_x = E\frac{du}{dx} \tag{6-7}$$

平衡方程 $$f(x) = \frac{d}{dx}(A\sigma_x) = AE\frac{d^2u}{dx^2} \tag{6-8}$$

给定端部荷载的端部条件 $$P = A\sigma_x \tag{6-9}$$

按照圆钢管混凝土支撑在整体结构中的受力特征，选取 MSC.MARC 的 9 号杆单元对其进行模拟。9 号杆单元为一维 2 节点拉格朗日线性插值等截面杆单元，仅在单元长度方向具有刚度。

（2）方钢管混凝土柱及钢筋混凝土梁

钢管混凝土柱、钢筋混凝土梁同时受到轴力、弯矩和剪力作用。如前所述，由于其横截面尺寸远小于其长度，忽略横向剪切变形往往亦可得到满意的结果。因此结构梁、柱受力模型采用经典梁模型（欧拉-伯努利梁模型），假设变形前垂直梁中心线的截面，变形后仍保持为平面，且垂直于中心线，从而使梁弯曲问题简化为一维问题。从以上假设出发，梁弯曲问题的基本方程可表示为：

几何关系
$$\kappa = \frac{\mathrm{d}^2 w}{\mathrm{d} x^2} \tag{6-10}$$

应力应变关系
$$M = EI\kappa = -EI\frac{\mathrm{d}^2 w}{\mathrm{d} x^2} \tag{6-11}$$

平衡方程
$$Q = \frac{\mathrm{d}M}{\mathrm{d}x} = -EI\frac{\mathrm{d}^3 w}{\mathrm{d}x^3} - \frac{\mathrm{d}Q}{\mathrm{d}x} = EI\frac{\mathrm{d}^4 w}{\mathrm{d}x^4} = q(x) \tag{6-12}$$

对于固端边界条件
$$w = \overline{w} \quad \frac{\mathrm{d}w}{\mathrm{d}x} = \overline{\theta} \tag{6-13}$$

按照钢管混凝土柱、钢筋混凝土梁在整体结构中的受力特征，采用 MARC 中提供的 52 号梁单元对其进行模拟。52 号梁单元为欧拉梁单元，采用三点高斯积分，MARC 针对 52 号单元（欧拉梁单元）提供了 UBEAM 用户子程序接口，用户可根据自己的需要编写子程序代码，定义材料非线性弹塑性本构关系。本次有限元分析中，以 UBEAM 为接口，完成了梁柱截面各类材料本构以及纤维单元模型程序编写，并植入 MARC 中进行了非线性动力计算。

（3）钢筋混凝土楼板采用钢筋混凝土分层壳模型，该模型将楼板沿厚度方向分层，并将楼板钢筋按照实际配筋率弥散到分层中，即以"弥散钢筋模型"来考虑楼板受力钢筋的影响。本次数值模拟将楼板沿厚度方向分 10 层，包括 4 层钢筋层以及 6 层混凝土层（图 6-27）。楼板单元选取 MARC 中的 140 号 4 节点高斯积分薄板单元进行模拟，该单元每个节点具有 6 个自由度，应力场由基于流动坐标系的拉格朗日应变张量推导而来，相对于三维全积分板壳单元，140 号单元有更高的计算效率。

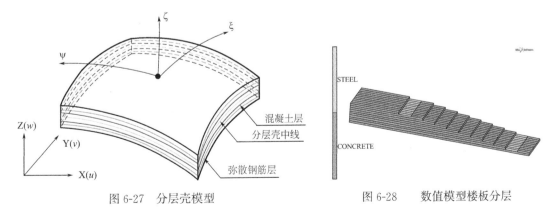

图 6-27　分层壳模型　　　　　　　　图 6-28　数值模型楼板分层

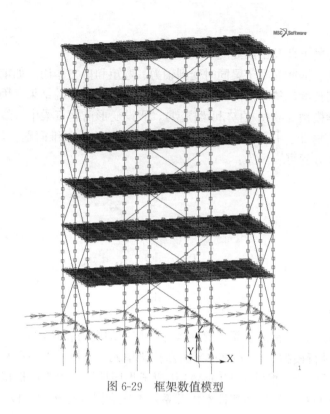

图 6-29 框架数值模型

6.4.2 有限元模型验证结果

（1）数值模型动力特性对比

数值模型前 6 阶阵型如图 6-30 所示，振动方向分别为 X 向平动（一阶）、Y 向平动（二阶）、扭转（三阶）、X 向平动（四阶）、Y 向平动（五阶）、X 向平动（六阶）。

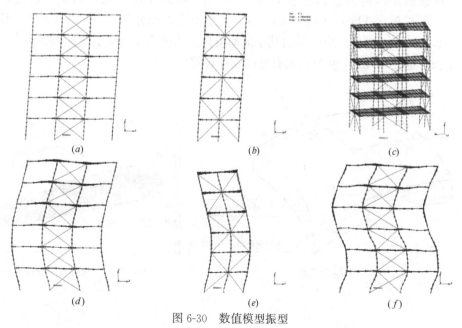

图 6-30　数值模型振型

（a）一阶振型；（b）二阶振型；（c）三阶振型；（d）四阶振型；（e）五阶振型；（f）六阶振型

　　数值模拟地震激励输入过程中，数值模型频率变化及与其对应的振动台原型频率变化的对比如图 6-31 所示。在地震作用较小时，如 7 度多遇及 7 度基本地震作用阶段，由于结构未受到明显破坏，结构频率大致保持初始值，随着地震作用的增加，结构构件（特别是对结构侧移刚度贡献显著的支撑）开始受到破坏，结构刚度明显下降，从而结构频率明显下降，表现为数值模型及对应振动台试验原型的频率随地震激励的增强而减小。数值模型频率和与其对应振动台原型频率拟合较好，说明所建立的数值模型能较好地反映结构在地震激励作用下的刚度退化及频率下降等特征。

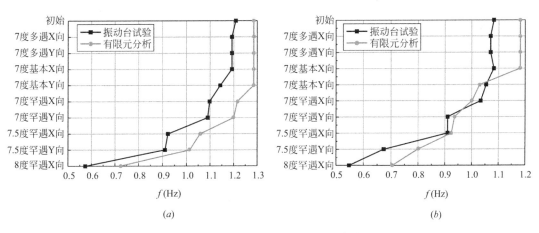

图 6-31　数值模拟与振动台试验原型频率变化对比

（*a*）X 向；（*b*）Y 向

（2）数值模型位移响应对比

　　有效地模拟实际结构的位移时程响应是结构非线性动力有限元分析的关键。图 6-32、图 6-33 分别给出了部分人工波激励作用下数值结果结构屋顶位移响应时程、层间位移时程与试验结果的对比，图 6-34 给出了人工波激励作用下数值结果层间位移角最大值与试验结果的对比。由图 6-32、图 6-34 可以看出，数值模拟位移结果与试验实测值较为匹配，能较好地反映地震激励过程中的结构振动情况及位移峰值。

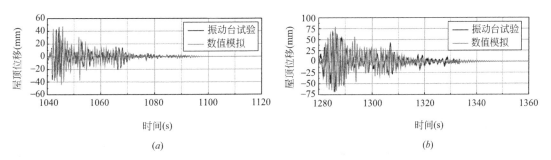

图 6-32　数值模拟与振动台试验屋顶位移时程的对比（一）

（*a*）7 度罕遇阶段 El Centro 波 X 向激励；（*b*）7 度罕遇阶段 El Centro 波 Y 向激励

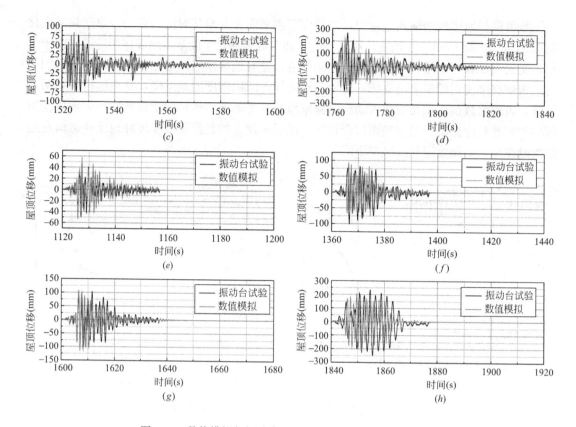

图 6-32　数值模拟与振动台试验屋顶位移时程的对比（二）

（c）7.5 度罕遇阶段 EI Centro 波 X 向激励；（d）7.5 度罕遇阶段 EI Centro 波 Y 向激励；

（e）7 度罕遇阶段人工波 X 向激励；（f）7 度罕遇阶段人工波 Y 向激励；

（g）7.5 度罕遇阶段人工波 X 向激励；（h）7.5 度罕遇阶段人工波 Y 向激励

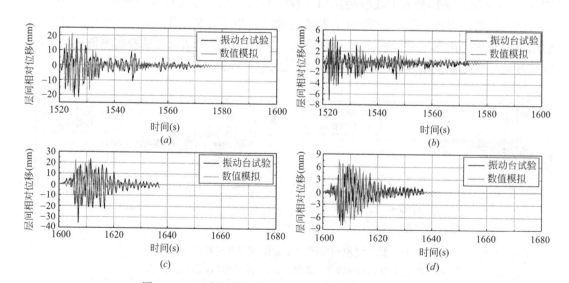

图 6-33　7.5 度罕遇阶段 X 向激励下层间相对位移的对比

（a）EI Centeo 波 1-2 层间相对位移；（b）EI Centeo 波 5-6 层间相对位移；

（c）人工波 1-2 层层间相对位移；（d）人工波 5-6 层层间相对位移

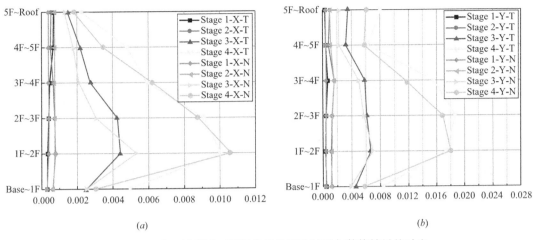

图 6-34　人工波激励下层间位移角试验结果与数值结果的对比

(a) X-direction；(b) Y-direction

（3）结构构件失效路径

有限元分析得到的支撑失效顺序与失效阶段与振动台试验结果十分接近。1 层因柱脚的线刚度较大，层间位移相对于其余层小，1 层支撑从始至终没有失效。从 7 度罕遇地震激励阶段开始，支撑从第 2 层开始失效，逐渐延伸到第 4 层。支撑失效数量越多，结构频率下降越显著，由此可知支撑对结构刚度确有显著贡献；X 向地震激励的输入使得模型结构 X 向频率显著下降，而对 Y 向频率的影响并不显著，反之亦然。8 度地震作用阶段由于只有 Taft 波作用，其所激起的结构响应明显小于人工波所激起的结构响应，故 8 度地震作用阶段，无支撑继续失效。

由前期振动台试验可知，随着地震激励的加剧，支撑开始失效，由于失去了支撑的保护，失效支撑附近的梁裂缝逐渐加宽、延伸，形成拉通裂缝，继而形成塑性铰；在 7 度 X 向罕遇地震阶段，第 2 层支撑失效，但结构无出铰现象，在 7 度 Y 向罕遇地震阶段，2-3 层支撑陆续失效，失效支撑相邻钢筋混凝土梁由于失去了支撑的保护，陆续出现塑性铰；随着地震作用的继续加剧，结构 3-4 层支撑陆续失效，进一步加剧了周边钢筋混凝土梁的出铰现象。另外，由前期振动台试验可知，梁的破坏点位于工字钢接头梁段与钢筋混凝土梁段交界位置，距梁柱节点核心区域有一定距离，使得当梁受到严重破坏时，梁柱节点还保持完好，因而结构整体具有"强节点-弱构件"的理想失效机制；梁的出铰位置均位于与型钢接头梁段单元相接的钢筋混凝土梁段单元，与振动台试验破坏现象相符。钢管混凝土柱在整个地震激励过程中并无出铰现象，整个结构具有"柱强-中梁-弱支撑"的理想失效路径。

6.4.3　支撑系统对结构的作用

为考虑支撑系统对结构刚度及减小位移响应的贡献，在原型有限元模型中删除结构支撑系统，对比了框架结构（无支撑）和框撑结构（有支撑）的屋顶位移。图 6-35 给出了 7 度和 7.5 度 EI Centro 波和人工波激励下框架结构和框撑结构的屋顶位移时程。

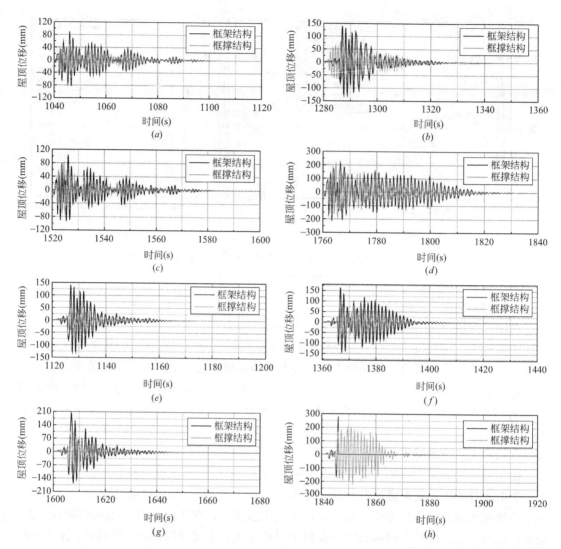

图 6-35　框架结构和框撑结构的屋顶位移对比

（*a*）7 度 EI Centro 波 X 向激励；（*b*）7 度 EI Centro 波 Y 向激励；

（*c*）7.5 度 EI Centro 波 X 向激励；（*d*）7.5 度 EI Centro 波 Y 向激励；

（*e*）7 度人工波 X 向激励；（*f*）7 度人工波 Y 向激励；

（*g*）7.5 度人工波 X 向激励；（*h*）7.5 度人工波 Y 向激励

6.5　本章小结

　　本章对装配式劲性柱混合梁框架结构进行了振动台抗震性能研究，主要内容如下：

　　（1）通过振动台试验，获得了装配式劲性柱混合梁框架结构在模拟地震激励作用下的破坏形态、整体响应以及失效路径：①支撑系统和劲性柱联合抵抗水平地震作用，形成了由"支撑-框架柱"双重抗侧力体系，整个结构体系具有"强柱-中梁-弱支撑"的理想失效机制。支撑系统的加入一方面协助了框架柱系统抵抗水平地震作用，另一方面控制了相应跨的侧移变形，延缓了相邻钢筋混凝土梁裂缝及塑性铰的发展；②混合梁的塑性铰形成于型钢接头梁段与钢筋混凝土梁段交界面附近，离梁柱核心区域有一定距离，保护了梁柱节点核心区域的完整性；在结构构件失效后，梁柱节点仍具有良好的工作性能，结构整体具有"强节点-弱构件"的理想失效机制；③在设计抗震设防烈度对应的地震作用下，结构整体满足规范所规定的弹性和弹塑性层间位移角限值要求，可实现"小震不坏、中震可修、大震不倒"的抗震设防目标。在比设计设防烈度高 1-2 级的罕遇地震作用下，结构部分楼层的梁和支撑受到明显损伤，层间位移角超出规范限值，但结构框架柱仍具有较好的工作性能，距结构的整体倒塌还有一段距离。

（2）通过有限元软件计算了结构的动力特性及动力响应，并将有限元分析结果与前期模拟地震振动台试验结果进行了对比分析：①有限元模拟结果与振动台试验破坏现象相符，劲性柱在整个地震激励过程中并无出铰现象，整个结构具有"强 SCFST 柱-中 RC 梁-弱 CCFST 支撑"的理想失效路径；②支撑可显著增加结构的初始抗侧移刚度；在结构支撑进入屈服前，支撑系统对减小结构侧移的作用非常明显；在结构支撑进入屈服后，支撑系统对减小结构侧移的有一定作用，但作用较支撑屈服前明显降低。

第7章 装配式劲性柱混合梁框架结构计算理论

装配式劲性柱混合梁框架结构是一种新型的框架结构，现行国家相关标准中的构件及节点的计算方法，不适用于该类结构，本章在前述章节研究的基础上，提出了梁柱节点及混合梁承载力的计算公式，通过参数化分析，确定了合理刚度特征值的取值范围。

7.1 节点承载力计算

7.1.1 劲性柱混合梁节点抗剪承载力计算

混合梁与劲性柱的刚性连接抗剪承载力由方钢管柱腹板、竖向板以及核心区混凝土抗剪承载力三部分组成。

$$V_j = V_1 + V_2 + V_c \tag{7-1}$$

$$V_1 = \frac{A_w}{\sqrt{3}}\sqrt{f_{v1}^2 - \sigma_{sN}^2 - \sigma_{\theta t}^2 + \sigma_{sN}\sigma_{\theta t}} \tag{7-2}$$

$$\sigma_{sN} = \frac{N}{\alpha_E A_{c,j} + A_{s,j}} \tag{7-3}$$

$$\sigma_{\theta t} = p \cdot r'/t' \tag{7-4}$$

$$p = \frac{\sigma_{sN}[2r't' - t'^2]}{(r' - t')^2} \tag{7-5}$$

$$r' = B/\sqrt{\pi} \tag{7-6}$$

$$t' = 2t/\sqrt{\pi} \tag{7-7}$$

$$V_2 = \frac{A_g f_{v2}}{\sqrt{3}} \tag{7-8}$$

$$V_c = \tau_p A_{c,j} \tag{7-9}$$

式中 V_j——混合梁与劲性柱连接节点域抗剪承载力设计值；

V_1——劲性柱钢管腹板抗剪承载力设计值；

V_2——竖向加劲板抗剪承载力设计值；

V_c——劲性柱钢管内混凝土抗剪承载力设计值；

A_w——劲性柱钢管腹板截面面积；

f_{v1}——劲性柱钢管腹板的抗剪强度设计值；

σ_{sN}——竖向轴力对劲性柱钢管腹板产生的压应力；

N——劲性柱轴向压力设计值；

$\sigma_{\theta t}$——等效圆形截面劲性柱钢管腹板受到的环向拉应力；

p——外层钢管对混凝土约束产生的侧压力；

r'——矩形截面钢管等效为圆形截面钢管的外径；

t'——矩形截面钢管等效为圆形截面钢管的壁厚；

B——矩形截面劲性柱钢管宽度；

t——矩形截面劲性柱钢管壁厚；

α_E——钢材弹性模量与混凝土弹性模量的比值；

$A_{c.j}$——劲性柱钢管内混凝土截面面积；

$A_{s.j}$——劲性柱钢管截面面积；

A_g——竖向加劲板的抗剪截面面积，取节点核心区竖向加劲板的水平截面面积；

f_{v2}——竖向加劲板的抗剪强度设计值；

τ_p——混凝土抗剪强度设计值。

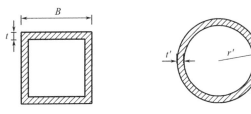

图 7-1　钢管截面示意图

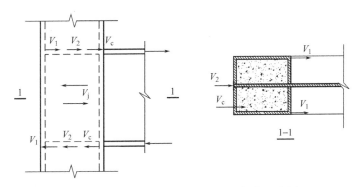

图 7-2　劲性柱-混合梁各抗剪组成部分示意图

由表 7-1 可以看出，节点抗剪承载力计算方法得到的结果与试验结果差别很大，这主要是因为钢管混凝土柱-钢接头梁节点试件具有显著的"强柱弱梁、节点更强"的工程特征，其破坏模式基本是梁发生破坏或者梁端发生弯曲破坏，未见节点核心区发生剪切破坏模式。而 JD4 和 JD6 的理论值与试验值相差较小，主要是楼板、工字钢接头下翼缘贯通增加了梁的抗弯刚度，使最终的破坏模式发生在节点核心区。

理论计算与试验结果对比　　　　　　　　　　　　　　　　表 7-1

节点编号	试验加载方向	试验值 V_{ue}/kN	理论值 V_{ut}/kN	V_{ut}/V_{ue}
JD1	正向	798.21	2564.66	3.21
	反向	821.67	2564.66	3.12
JD2	正向	1160.41	2540.27	2.21
	反向	1153.71	2540.27	2.22

续表

节点编号	试验加载方向	试验值 V_{ue}/kN	理论值 V_{ut}/kN	V_{ut}/V_{ue}
JD3	正向	633.89	2540.27	4.24
	反向	658.03	2540.27	4.08
JD4	正向	1120.17	2526.10	2.26
	反向	989.38	2526.10	2.55
JD5	正向	1055.12	2540.27	2.55
	反向	790.17	2540.27	3.40
JD6	正向	1351.51	2526.10	1.87
	反向	1338.83	2526.10	1.89

不同计算方法结果对比   表 7-2

节点编号	加载方向	AIJ V_{ua}/V_{ue}	Nashiyama V_{un}/V_{ue}	CECS 规程 V_{uc}/V_{ue}	理论值 V_{ut}/V_{ue}
JD1	正向	3.41	3.68	2.49	3.21
	反向	3.31	3.57	2.42	3.12
JD2	正向	2.35	2.53	1.71	2.21
	反向	2.36	2.55	1.72	2.22
JD3	正向	4.54	4.89	3.31	4.24
	反向	4.38	4.71	3.19	4.08
JD4	正向	2.57	2.77	1.87	2.40
	反向	2.91	3.13	2.12	2.71
JD5	正向	2.73	2.94	1.99	2.55
	反向	3.64	3.92	2.66	3.40
JD6	正向	2.02	2.17	1.47	1.87
	反向	2.03	2.19	1.48	1.89

注:V_{ua}-AIJ 计算结果;V_{un}-Nashiyama 计算结果;V_{uc}-CECS 规程计算结果;V_{ut}-理论计算结果;V_{ue}-试验结果。

表 7-2 为不同计算方法与试验结果对比。因试验中节点核心区没有发生破坏,所以四种理论方法得到的值都远大于试验结果。其中 AIJ 规范的计算忽略了钢管柱的环向拉应力以及轴压应力的影响,且钢管柱核心区的受剪面积包括了柱翼缘面积;Nashiyama 方法是基于斜压杆模型,没有考虑钢管柱环向拉应力;CECS 规程相比于其他几种方法考虑了柱焊缝以及内隔板作用。因本书节点核心区没有内隔板,且钢管中贯通了竖向板,所以从受力分析来看,本书提出的计算方法更能真实反映此类节点核心区的受力特点。

7.1.2 混合梁端抗弯承载力计算

叠合板钢筋抗拉承载力取钢筋的抗拉强度、栓钉的抗剪强度设计值中的较小值。

$$F_r = \min(f_{yr}A_r, n_{sc}N_v^c) \tag{7-10}$$

式中 F_r——叠合板钢筋抗拉承载力设计值;

A_r——叠合板有效宽度范围内纵向钢筋的总面积；有效宽度按现行国家标准《钢结构设计规范》GB 50017 的有关规定进行计算；

f_{yr}——叠合板钢筋抗拉强度设计值；

n_{sc}——梁端负弯矩区段内抗剪栓钉的个数；

N_v^c——单个栓钉抗剪承载力设计值，应按现行国家标准《钢结构设计规范》GB 50017 的有关规定进行计算，同时考虑负弯矩区受力应乘以折减系数 0.9。

叠合板与劲性柱钢管翼缘接触处叠合板受压承载力应按式（7-11）计算：

$$F_{con}=0.67\beta_1 b_{cf}h_c f_c \tag{7-11}$$

式中　F_{con}——与劲性柱钢管翼缘接触处叠合板受压承载力设计值；

β_1——混凝土局部受压时的强度提高系数，取为 1.25；

b_{cf}——劲性柱钢管翼缘宽度；

h_c——与劲性柱钢管翼缘接触处叠合板的厚度；

f_c——混凝土轴心抗压强度设计值。

（1）负弯矩作用下节点梁端抗弯承载力应按下列公式计算：

1）中和轴位于工字形钢接头上翼缘内

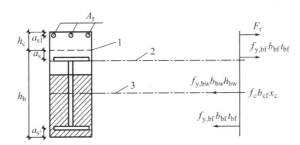

图 7-3　中和轴在工字形钢接头上翼缘内

1—叠合板、混合梁分界线；2—中和轴；3—工字形钢接头形心轴

$$M_j=f_{bf}b_{bf}t_{bf}\left(h_{bw}+\frac{t_{bf}}{2}\right)+\frac{1}{2}f_{bw}h_{bw}^2 t_{bw}+\frac{1}{2}f_{bf}b_{bf}t_{bf}^2+$$
$$F_r\left(h_c-a_{s1}+\frac{t_{bf}}{2}+a_s\right)+f_c b_{cf}\left(\frac{t_{bf}}{2}+h_{bw}+a_s'-\frac{x_c}{2}\right) \tag{7-12}$$

$$x_c=(F_r-f_{bw}h_{bw}t_{bw})/f_c b_{cf} \tag{7-13}$$

式中　M_j——节点梁端抗弯承载力设计值；

x_c——梁截面混凝土受压区高度；

f_{bf}——工字形钢接头翼缘的设计强度；

b_{bf}——工字形钢接头翼缘的宽度；

t_{bf}——工字形钢接头翼缘的厚度；

h_{bw}——工字形钢接头腹板的高度；

t_{bw}——工字形钢接头腹板的厚度；

f_{bw}——工字形钢接头腹板的设计强度；

h_c——叠合板与劲性柱钢管翼缘接触处的厚度；

a_{s1}——叠合板上部钢筋中心到板上边缘的距离；

a_s——工字形钢接头上翼缘形心到梁上边缘的距离；

f_c——混凝土轴心抗压强度设计值；

b_{cf}——劲性柱钢管翼缘宽度；

a_s'——工字形钢接头下翼缘形心到梁下边缘的距离。

2）中和轴位于工字形钢接头腹板内

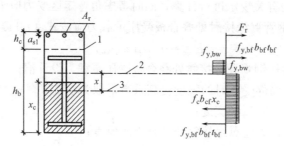

图 7-4　中和轴在工字形钢接头腹板内

1—叠合板、混合梁分界线；2—中和轴；3—工字形钢接头形心轴

$$M_j = 2f_{bf}b_{bf}t_{bf}\left(\frac{h_{bw}}{2}+\frac{t_{bf}}{2}\right)+2f_{bw}t_{bw}\left(\frac{h_{bw}}{2}-x\right)\left(\frac{h_{bw}}{4}+\frac{x}{2}\right)$$
$$+f_cb_{cf}x_c\left(\frac{h_b}{2}-\frac{x_c}{2}\right)+F_r\left(h_c-a_{s1}+\frac{h_b}{2}\right) \tag{7-14}$$

$$x_c = 0.8\left(\frac{h_b}{2}+x\right) \tag{7-15}$$

$$x = \frac{F_r - f_cb_{cf}x_c}{2f_{y,bw}t_{bw}} \tag{7-16}$$

式中　x_c——混合梁截面混凝土受压区高度；

　　　h_b——混合梁高。

（2）正弯矩作用下节点梁端抗弯承载力应按下列公式计算：

1）中和轴位于叠合板内

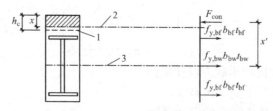

图 7-5　中和轴在叠合板内

1—叠合板、混合梁分界线；2—中和轴；3—工字形钢接头形心轴

$$M_j = F_{con}x' \tag{7-17}$$

$$x = (f_{bw}b_{bw}t_{bw}+2f_{bf}b_{bf}t_{bf})/0.67\beta_1b_{cf}h_cf_{cu} \tag{7-18}$$

$$x' = \frac{h_b}{2}+h_c-x \tag{7-19}$$

2）中和轴位于工字形钢接头截面内

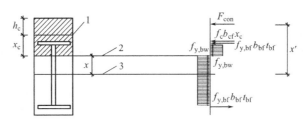

图 7-6 中和轴在工字形钢接头截面内
1—叠合板、混合梁分界线；2—中和轴；3—工字形钢接头形心轴

$$M_j = F_{con}x' + 2f_{bf}b_{bf}t_{bf}\left(\frac{h_{bw}}{2} + \frac{t_{bf}}{2}\right) + 2f_{bw}t_{bw}\left(\frac{h_{bw}}{2} - x\right)\left(\frac{h_{bw}}{4} + \frac{x}{2}\right)$$
$$+ f_c b_{cf}x_c\left(\frac{h_b}{2} - \frac{x_c}{2}\right) \tag{7-20}$$

$$x_c = 0.8\left(\frac{h_b}{2} - x\right) \tag{7-21}$$

$$x = \frac{f_c b_{cf}x_c + F_{con}}{2f_{bw}t_{bw}} \tag{7-22}$$

$$x' = h_c/2 + h_b/2 \tag{7-23}$$

表 7-3 为理论计算与试验结果对比。试验结果表明，JD1 破坏模式是梁发生剪切破坏，所以试验得到承载力小于理论计算值。JD2 破坏模式为负弯矩作用时，梁端裂缝贯通，梁柱相交截面的正截面受弯破坏，可以看出在正、负弯矩作用下的试验值与理论值都吻合较好。

理论计算与试验结果对比　　　　　　　　　　表 7-3

节点编号	加载方向	试验值 V_{ue}/kN	理论值 V_{ut}/kN	V_{ut}/V_{ue}
JD1	正向	277.28	334.41	1.21
	反向	285.43	334.41	1.17
JD2	正向	403.10	425.16	1.05
	反向	400.78	397.97	0.99
JD3	正向	220.20	355.73	1.62
	反向	228.59	355.73	1.56
JD4	正向	389.12	476.96	1.23
	反向	343.69	449.79	1.31
JD5	正向	366.53	355.73	0.97
	反向	274.49	355.73	1.30
JD6	正向	496.31	476.96	0.96
	反向	491.65	449.79	0.91

不同计算方法结果对比 表7-4

节点编号	加载方向	钢规 M_{uG}/M_{ue}	欧洲规范 M_{uE}/M_{ue}	JGJ 规程 M_{uJ}/M_{ue}	理论值 M_{ut}/M_{ue}
JD2	正向	1.55	1.45	0.80	1.05
	反向	0.78	0.78	0.80	0.99
JD4	正向	1.82	1.68	0.87	1.23
	反向	0.91	0.91	0.99	1.31
JD6	正向	1.43	1.32	0.68	0.96
	反向	0.64	0.64	0.69	0.91

注：M_{uG}-《钢结构规范》计算结果；M_{uE}-《欧洲规范4》计算结果；M_{uJ}-JGJ 规程计算结果；M_{ut}-理论计算结果；M_{ue}-试验结果。

表7-4 是《钢结构设计规范》GB 50017、欧洲规范、《装配整体式混凝土结构技术规程》JGJ 1 以及本文计算方法的对比，这里只针对带有楼板的 JD2 进行比较。可见，前面两者的值都与试验结果相差较大，其中《钢结构设计规范》GB 50017 计算方法是基于钢梁与混凝土楼板之间的共同作用，而文中研究的节点梁端截面是型钢混凝土截面，反向加载时，没有计算受压区梁截面混凝土作用，结果小于试验值；正向加载时，高估了楼板参与受压的混凝土，结果大于试验值。欧洲规范得到的结果与《钢结构规范》GB 50017 非常接近，但正向加载承载力略低，是因为欧洲规范对楼板混凝土抗压承载力有一定折减。《装配整体式混凝土结构技术规程》JGJ 1 中的计算方法因没有考虑楼板作用，所以正向反向加载时结果都小于试验值。本文的理论计算方法是参照欧洲规范，并基于型钢混凝土梁与楼板共同作用提出的，与试验结果吻合较好。

7.2 混合梁承载力计算

7.2.1 混合梁抗弯承载力计算

梁端钢接头对跨中截面承载力没有影响，因此带钢接头的装配式钢筋混凝土梁的受弯破坏模式和普通钢筋混凝土梁非常类似。因此，建议采用现有规范计算梁的抗弯承载力。

极限弯矩的实测值和理论值比较 表7-5

梁编号	实测抗压强度 f_c (N/mm²)	M_u 理论计算值 (kN·m)	M_u 实测值 (kN·m)	理论值/实测值
L1	20.3	64.27	59	1.089

由此可知，两设置工字形钢接头、底部配钢筋的抗弯梁 L1 的理论计算的抗弯承载力和实测值比较接近，因此带钢接头的装配式钢筋混凝土梁的抗弯承载力可采用与现行国家标准《混凝土结构设计规范》GB 50010 相同的计算方法。

7.2.2　混合梁抗剪承载力计算

带钢接头的抗剪试件在斜裂缝形成前与普通梁体受力类似，但随着荷载增大，端部钢接头存在阻碍了支座处的开裂，斜裂缝较之普通梁体更陡峭，试件失效模式改变，试验结果小于规范值，因而不能按照现有规范计算该类梁体的抗剪承载力。

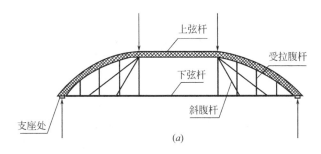

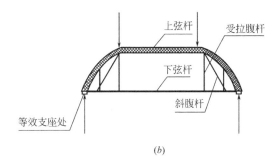

图 7-7　梁抗剪计算模型

（*a*）普通钢筋混凝土梁；（*b*）带钢接头钢筋混凝土梁

抗剪承载力建议公式：

$$V_b = \frac{1.75}{\lambda' + 1} f_t b h_0 + \alpha_1 f_{yv} \frac{A_{sv}}{s} h_0 \qquad (7\text{-}24)$$

$$\lambda' = 0.85\lambda - 0.37 \qquad (7\text{-}25)$$

$$\alpha_1 = (\lambda - 1)/2 \qquad (7\text{-}26)$$

式中　V_b——混合梁斜截面抗剪承载力设计值；

$\quad\alpha_1$——箍筋受剪承载力的折减系数，且 $\alpha_1 \leqslant 1$；

$\quad\lambda'$——折算剪跨比；

$\quad\lambda$——剪跨比，取 a/h_0；

$\quad f_t$——混凝土轴心抗拉强度设计值；

$\quad a$——集中荷载作用点至支座截面距离；

$\quad b$——混合梁截面宽度；

$\quad h_0$——混合梁截面有效高度；

$\quad f_{yv}$——箍筋抗拉强度设计值；

$\quad A_{sv}$——配置在同一截面内箍筋各肢的全部截面面积；

$\quad s$——沿混合梁长度方向箍筋的间距。

梁抗剪承载力实测值和理论值比较　　　　　　　　　　　表 7-6

剪跨比	试验值 $V_{试验}$	规范值 $V_{规范}$	新方法计算值 $V_{新方法}$
1.6	218.0	253.9	245.0
2.4	181.0	227.8	237.6

7.3　合理刚度特征值

劲性柱混合梁框架结构的刚度特征值 λ（亦称"刚度比"）是衡量支撑系统对结构刚度贡献以及其分担水平力比例的重要指标，总框架与支撑系统之间应具有合理的刚度特征值，协同承担并合理分配地震作用产生的水平力，合理的刚度特征值不仅有利于控制结构的侧移变形、提高结构的延性，亦有益于节约结构建造成本。

本章基于前述建立的装配式劲性柱混合梁框架结构整体非线性有限元分析方法，建立了 6～15 层劲性柱混合梁框架结构模型，通过参数分析研究了该类结构的合理刚度特征值取值范围。

7.3.1　合理刚度特征值的定义

框架-支撑结构刚度特征值为支撑系统抗侧移刚度与总框架抗侧移刚度的比值：

$$\lambda = k_{B}/k_{F} \tag{7-27}$$

式中，k_B 为支撑系统抗侧移刚度；k_F 总框架抗侧移刚度。

在水平荷载作用下，框架结构和支撑体系的侧移变形均有弯曲变形和剪切变形的成分，框架体系的变形以剪切变形为主，而支撑体系的变形以弯曲变形为主，而装配式劲性柱混合梁框架结构的变形模式结合了框架体系和支撑体系的特性，属弯曲-剪切型变形（图 7-8）。λ 越大，则支撑系统对结构的抗侧移刚度贡献越大，并且越多地协助结构分担水平力，侧移变形曲线也越接近于支撑体系所具有的弯曲型变形曲线；反之，λ 越小，则支撑系统对结构的抗侧移刚度贡献越小，分担的水平地震作用力比例也越小，侧移变形曲线也越接近于框架体系所具有的剪切型变形曲线。

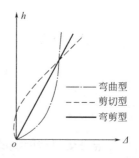

图 7-8　结构侧移变形曲线

7.3.2　合理刚度特征值参数分析模型

本节建立了 6 层、9 层、12 层和 15 层 4 种高度的装配式劲性柱混合梁框架结构模型，结构构件布置如图 7-9 所示。主框架构件与前期振动台试验构件截面相同（包括：梁、柱、楼板），以刚度特征值作为分析参数，对每种高度均建立 10 个模型（$\lambda = 1$、2、…、10，以改变支撑截面尺寸实现 λ 的变化），计算了 40 个模型在 5 种地震动记录下（图 7-10）的动力特性及动力响应，分析研究了该类结构的合理刚度特征值取值范围。

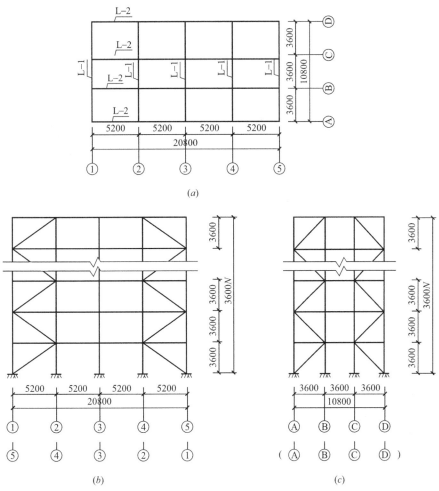

图 7-9 参数分析数值模型支撑立面布置

（*a*）构件布置平面图；（*b*）构件布置正立面图；（*c*）构件布置侧立面图

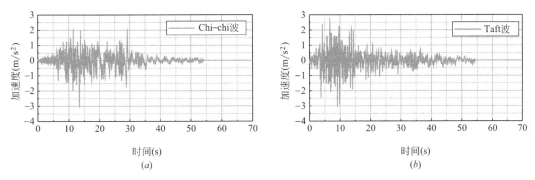

图 7-10 刚度特征值参数分析激励（一）

（*a*）Chi-chi 波；（*b*）Taft 波

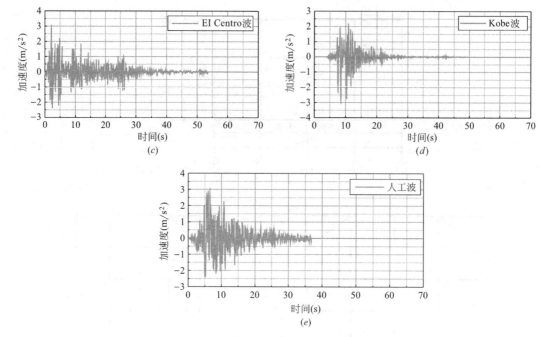

图 7-10　刚度特征值参数分析激励（二）
(c) EI Centro；(d) Kobe 波；(e) 人工波

　　总框架的抗侧移刚度主要来自于框架柱的抗弯刚度的贡献，考虑楼板刚度并忽略梁的轴向变形，并假定同楼层各柱的侧移变形相等。当总框架中梁柱线刚度比 $K>3$ 时，认为梁柱节点转角较小，可忽略其对刚度计算的影响，基于反弯点法得出总框架的侧移刚度：

$$k_F = 12 \frac{\sum_{i=1}^{n} (E_{col} I_{col})_i}{h^3} \qquad (7\text{-}28)$$

式中，$\sum E_{col} I_{col}$ 为钢管混凝土柱的抗弯刚度之和。

　　当总框架中梁柱线刚度比 $K \leqslant 3$ 时，总框架侧移刚度按 D 值法计算：

$$k_F = 12 \frac{\sum_{i=1}^{n} (\alpha E_{col} I_{col})_i}{h^3} \qquad (7\text{-}29)$$

式中，α 为修正系数，按表 7-7 计算。

　　对于钢管混凝土柱的抗弯刚度，由于内填混凝土在弯矩作用下会出现受拉开裂现象，现有各国规范均以系数 β 考虑部分内填混凝土对钢管抗弯刚度的贡献：

$$(E_{col} I_{col}) = E_s I_s + \beta E_c I_c \qquad (7\text{-}30)$$

式中，E_s、E_c 分别为钢材和混凝土的弹性模量；I_s、I_c 分别为钢材和混凝土的截面惯性矩；β_c 为钢管内填混凝土抗弯刚度折减系数，各国规范取值有较大差异，日本规范 AIJ（1997）取 $\beta_c = 0.2$，欧洲规范 EC4（1994）取 $\beta_c = 0.6$，美国规范 AISC-LRFD（1999）取 $\beta_c = 0.8$，我国现行协会《矩形钢管混凝土结构技术规程》CECS 中取 $\beta_c = 0.8$，本文取 $\beta_c = 0.8$。

D 值法的刚度修正系数

表 7-7

楼层	示意简图	梁柱刚度比 K	刚度修正系数 α
非底层		$K = \dfrac{i_1 + i_2 + i_3 + i_4}{2i_c}$	$\alpha = \dfrac{K}{2+K}$
底层		$K = \dfrac{i_1 + i_2}{i_c}$	$\alpha = \dfrac{0.5+K}{2+K}$

7.3.3 合理刚度特征值的影响因素

通过对 6-15 层装配式劲性柱混合梁框架结构的动力非线性有限元分析，获得了结构动力特性与动力响应随刚度特征值的变化规律。

（1）结构频率随 λ 的变化

图 7-11 给出了结构前三阶频率随 λ 的变化。由图 7-11 可知，当 λ≤4 时，结构频率随 λ 的增大而增大；当 λ>4 时，结构频率随 λ 的增大无明显变化。随着层数的增加，结构由刚变柔，频率降低。

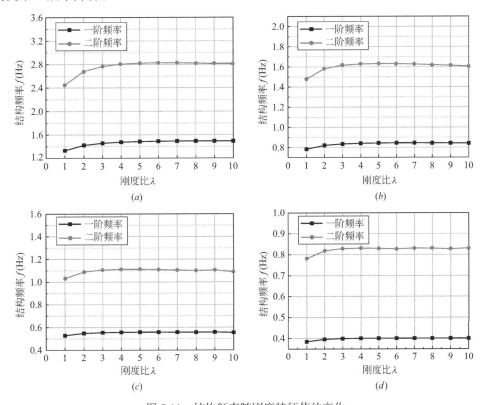

图 7-11 结构频率随刚度特征值的变化

（a）6 层模型；（b）9 层模型；（c）12 层模型；（d）15 层模型

（2）支撑系统分担剪力比例随 λ 的变化

图 7-12 给出了支撑体系分担基底剪力平均比例 $\overline{r_b}$ 随 λ 的变化。

$$\overline{r_b(t)} = \frac{\overline{V_b(t)}}{\overline{V_t(t)}} \times 100\% \tag{7-31}$$

式中，$\overline{r_b(t)}$ 为地震激励过程中支撑系统分担基底剪力平均比例；$\overline{V_b(t)}$ 为地震激励过程中支撑系统所受的基底剪力平均值；$\overline{V_t(t)}$ 为地震激励过程中结构所受的总基底剪力平均值。

由图 7-12 可知，各不同地震激励作用下，总框架和支撑体系分担的基底剪力平均比例十分接近，由此可知，总框架和支撑系统分担的基底剪力比例取决于结构的自身动力特性，而与所受到的地震激励无关；对于具有不同高度的结构，总框架和支撑体系分担的基底剪力比例十分相近，支撑体系分担基底剪力比例随 λ 的增大而增大，从而，总框架分担基底剪力比例随 λ 的增大而减小，当 λ 增大到 3 时，支撑体系分担的基底剪力比例为 48%～54%，当 λ 增大到 9 时，支撑体系分担的基底剪力比例达到约 75%。依据现行行业标准《高层民用建筑钢结构技术规程》JGJ 99："第一阶段抗震设计中，框架-支撑（剪力墙板）装配式体系中总框架任一楼层所承担的地震剪力，不得小于结构底部总剪力的 25%"，由此可知，劲性柱混合梁框架结构的 λ 取值不应大于 9。墨西哥规范（MFDC-04）和 Dominguez-Colunga 的研究指出，当总框架的剪力分担比例超过 50% 时，结构具有更好的抗震性能和失效机制，从而建议尽可能保证总框架对基底剪力的分担比例在 40% 以上，即 λ≤4。

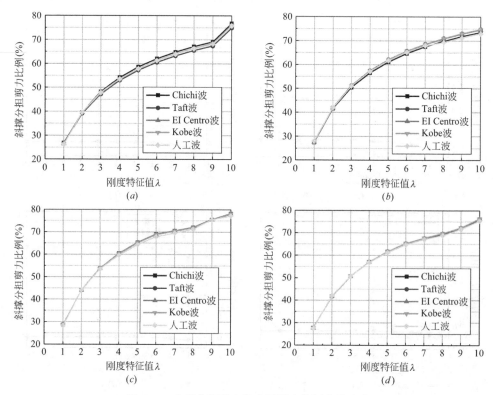

图 7-12 支撑分担基底剪力随刚度特征值的变化

（a）6 层模型；（b）9 层模型；（c）12 层模型；（d）15 层模型

（3）结构最大基底剪力随 λ 的变化

图 7-13 给出了结构最大基底剪力随 λ 的变化。不同激励作用下，结构的最大基底剪力有所不同，结构所受基底剪力随 λ 的增大而增大，但在 λ 超过 4 后增大趋势明显减缓，趋于平稳。

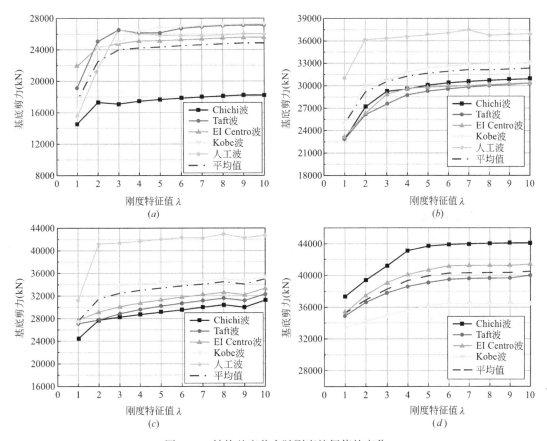

图 7-13　结构基底剪力随刚度特征值的变化

（a）6 层模型；（b）9 层模型；（c）12 层模型；（d）15 层模型

（4）结构最大屋顶位移随 λ 的变化

图 7-14 给出了结构最大基底剪力随 λ 的变化。由图 7-14 可知，结构最大屋顶位移随 λ 的增大而减小，λ 超过 4 后最大屋顶位移随 λ 的增大减小趋势明显减缓，说明在 λ 超过 4 后，继续增大支撑截面尺寸及结构刚度特征值，并不能明显减小结构的侧移，从而降低结构的经济性。

通过以上参数分析可知，在总框架的设计确定后，刚度特征值 λ 过大说明支撑配置过多，在 λ 超过 4 后，增大 λ 并不能降低结构的侧移，反而使得结构的经济性降低；刚度特征值 λ 过小说明结构配置支撑过少，结构抗侧移刚度过小，结构侧移变形过大，支撑系统的耗能能力不能得到充分发挥。建议装配式劲性柱混合梁框架结构的最优合理刚度特征值取值范围为 2≤λ≤4。

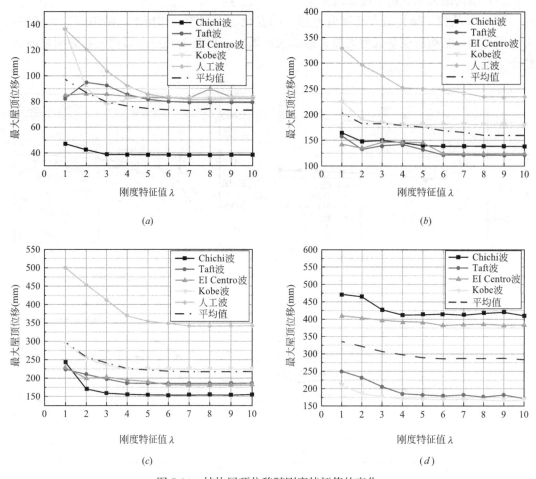

图 7-14　结构屋顶位移随刚度特征值的变化

(*a*) 6 层模型；(*b*) 9 层模型；(*c*) 12 层模型；(*d*) 15 层模型

7.4　本章小结

　　本章建立了梁柱节点、混合梁的抗剪及抗弯计算公式，并对劲性柱混合梁框架结构的刚度特征值进行了详细介绍，获得了结构动力特性与动力响应随刚度特征值的变化规律，主要内容如下：

　　（1）节点抗剪承载力计算方法得到的结果与试验结果差别很大，这主要是因为文中钢管混凝土柱-钢接头梁节点试件具有显著的"强柱弱梁、节点更强"的工程特征，其破坏模式基本是梁发生破坏或者梁端发生弯曲破坏，未见节点核心区发生剪切破坏模式；节点抗弯承载计算方法得到的试验结果与试验值吻合较好。

　　（2）通过对比计算可知混合梁的抗弯承载力可采用与现行国家标准《混凝土结构设计规范》GB 50010 相同的计算方法；通过引用折算剪跨比 λ′建立了混合梁的抗剪计算公式，由此可以计算得出抗剪承载力。

（3）通过研究结构合理刚度特征值 λ 的取值范围，讨论了结构频率、结构最大基底剪力、支撑系统分担基底剪力比例以及结构最大屋顶位移与刚度特征值之间的关系，主要结论为：①支撑体系分担基底剪力比例随 λ 的增大而增大，则总框架分担基底剪力比例随 λ 的增大而减小；②不同激励作用下，结构的最大基底剪力有所不同，结构所受基底剪力随 λ 的增大而增大，但在 λ 超过 4 后增大趋势明显减缓，趋于平稳；③λ 超过 4 后，继续增大支撑截面尺寸、增大结构刚度特征值，并不能明显减小结构的侧移，从而降低结构的经济性；④总框架的设计确定后，刚度特征值 λ 过大说明支撑配置过多，在 λ 超过 4 后，增大 λ 并不能降低结构的侧移，反而使得结构的经济性降低；刚度特征值 λ 过小说明结构配置支撑过少，结构抗侧移刚度过小，结构侧移变形过大，支撑系统的耗能能力不能得到充分发挥，因此建议装配式劲性柱混合梁结构的最优合理刚度特征值取值范围为 $2 \leqslant \lambda \leqslant 4$。

第8章 装配式劲性柱混合梁框架结构设计

本章基于结构、构件、节点的试验结果以及数值分析和理论计算方法，提出了装配式劲性柱混合梁框架结构的设计方法和构造措施。

8.1 材 料

8.1.1 结构构件材料

装配式劲性柱混合梁框架结构用材料主要为钢筋、混凝土、钢材等。

钢筋、混凝土的材料性能应符合现行国家标准《混凝土结构设计规范》GB 50010 的有关规定。

混凝土的最低强度等级应符合表 8-1 的规定。节点和接缝处的后浇混凝土强度等级不应低于预制构件的混凝土强度等级。

自密实混凝土的性能应符合现行行业标准《自密实混凝土应用技术规程》JGJ/T 283 的有关规定。

钢材的材料性能应符合国家现行标准《钢结构设计规范》GB 50017 及《高层民用建筑钢结构技术规程》JGJ 99 的有关规定。

装配式劲性柱混合梁框架结构混凝土最低强度等级　　　　表 8-1

名称	劲性柱	混合梁	叠合板		楼梯	内、外墙板
			预制板	叠合层		
混凝土强度等级	C30	C30	C30	C30	C30	C25

8.1.2 连接材料

装配式劲性柱混合梁框架结构用连接材料主要有：焊接材料、螺栓、锚栓、圆柱头焊钉、灌浆材料、外墙板与主体结构连接用预埋件和连接件、夹心外墙板内外叶墙板连接件等。

连接用焊接材料、螺栓的性能应符合现行国家标准《钢结构设计规范》GB 50017 的有关规定。

锚栓可采用 Q235、Q345 钢制作，其性能应符合现行国家标准《碳素结构钢》GB/T 700 及《低合金高强度结构钢》GB/T 1591 的有关规定。

圆柱头焊钉应符合现行国家标准《电弧螺柱焊用圆柱头焊钉》GB/T 10433 的有关规定。

灌浆材料的性能指标应符合现行国家标准《水泥基灌浆材料应用技术规范》GB/T 50448 的有关规定。

外墙板与主体结构连接用预埋件和连接件的性能应符合国家现行标准《混凝土结构设计规范》GB 50010、《钢结构设计规范》GB 50017 及《装配式混凝土结构技术规程》JGJ 1 的有关规定。

夹心外墙板内外叶墙板连接件的性能应符合现行行业标准《装配式混凝土结构技术规程》JGJ 1 的有关规定。

8.1.3　防护材料

装配式劲性柱混合梁框架结构用防护材料主要有钢结构用防腐涂料、稀释剂及防火材料等。

钢结构用防腐涂料、稀释剂和固化剂的品种、规格、性能等应符合国家现行标准《钢结构工程施工规范》GB 50755、《建筑用钢结构防腐涂料》JGJ/T 224 的有关规定。

钢结构防火涂料的品种和技术性能应符合现行国家标准《钢结构防火涂料》GB 14907 的有关规定。

8.1.4　其他材料

外墙板接缝处用防水密封胶宜选用耐候性密封胶，其性能应符合现行行业标准《混凝土建筑接缝用密封胶》JC/T 881 的有关规定。

外墙板接缝处用橡胶止水条材料应符合现行国家标准《高分子防水材料 第 3 部分 遇水膨胀橡胶》GB/T 18173.3 的有关规定。

夹心外墙板接缝处填充用保温材料的燃烧性能应符合现行国家标准《建筑材料及制品燃烧性能分级》GB 8624 中的 A 级要求。

夹心外墙板中的保温材料的导热系数、体积比吸水率及燃烧性能应符合现行行业标准《装配式混凝土结构技术规程》JGJ 1 的有关规定。

8.2　建筑设计

8.2.1　一般原则

建筑设计应满足城市规划、建筑功能和性能要求，并宜采用主体结构、装修和设备管线的装配化集成技术。

建筑设计应体现以人为本、可持续发展和节能、节地、节水、节材的指导思想，考虑环境保护要求，并满足无障碍使用要求。

建筑设计应符合现行国家标准《建筑模数协调标准》GB/T 50002 的规定。

建筑的围护结构以及楼梯、阳台、隔墙、空调板、管道井等配套构件、室内装修材料宜采用工业化、标准化产品。

建筑的体形系数、窗墙面积比、围护结构的热工性能等应符合节能要求。

建筑体型、平面布置及连接构造应符合抗震设计的原则和要求。

主体结构布置宜简单、规整、平面凹凸不宜过多。

8.2.2 平面设计

建筑平面应根据使用性质、功能、工艺要求合理布局，符合装配式劲性柱混合梁结构建筑的特点。

建筑宜选用大开间、大进深的平面布置，合理布置劲性柱及管井位置，满足空间的灵活性、可变性。

建筑应按照不同功能进行模块化划分，根据基本组合模式，建立不同建造标准、不同布置方式的功能模块。

厕所、盥洗室、淋浴间和厨房等用水房间应上下对位或相邻布置，并靠近有竖向管井的空间。其平面布置应合理，平面尺寸应满足使用功能的要求，宜优先采用成品整体厨卫产品。

应考虑设备管线与结构体系的关系，竖向管线等宜集中设置，水平布线的排布和走位应降低各工种之间的交叉及干扰。

8.2.3 立面设计

劲性柱等竖向构件宜上、下连续，并应符合抗震规范要求。

门窗洞口宜上下对齐、成列布置，其平面位置和尺寸应满足结构受力及预制构件设计要求；剪力墙结构中不宜采用转角窗。

外墙设计应满足建筑外立面多样化和经济美观的要求。外立面设计应以简洁为原则，不宜有过多的外装饰构件及线脚。

外墙饰面宜采用耐久、不易污染的材料。采用反打一次成型的外墙饰面材料，其规格尺寸、材质类别、连接构造等应进行工艺试验验证。

8.2.4 内装修、设备管线设计

建筑和室内宜采用装修一体化设计，做到建筑、结构、设备、装饰等专业之间的有机衔接。

结构装修、饰面，应结合本地条件采用耐久、防水、防火及不易污染的材料与做法。

室内装修宜减少施工现场的湿作业，建筑的部件之间、部件与设备之间的连接应采用标准化接口。

建筑内装修材料应符合现行国家标准《建筑内部装修设计防火规范》GB 50222、《民用建筑工程室内环境污染控制规范》GB 50325 的规定。

吊顶与楼板连接预埋件应在叠合板内或局部现浇时预先埋设，不宜在楼板上钻孔、打眼和射钉。

建筑设备管线应综合设计，并应符合下列规定：

（1）设备管线应减少平面交叉，竖向管线宜集中布置，并应满足维修更换的要求；

（2）机电设备管线宜设置在管线架空层或吊顶空间中，各种管线宜同层敷设；

（3）当条件受限管线必须暗埋时，宜结合叠合楼板现浇层以及建筑垫层进行设计；

（4）当条件受限管线必须穿越时，预制构件内可预留套管或孔洞，但预留的位置不应影响结构安全；

（5）建筑部件与设备之间的连接宜采用标准化接口。

整体卫浴宜采用同层排水设计，并应结合房间净高、楼板跨度、设备管线等因素确定降板方案。

8.3　结　构　设　计

8.3.1　一般原则

装配式劲性柱混合梁框架结构适用于抗震设防烈度为 6 度至 8 度的各种民用建筑，其中包括居住建筑和公共建筑。

抗震设防分类及其抗震设防要求应符合现行国家标准《建筑工程抗震设防分类标准》GB 50233 的有关规定。

房屋的最大适用高度应符合表 8-2 的规定。

装配式劲性柱混合梁框架结构房屋的最大适用高度（m）　　　　表 8-2

结构类型	抗震设防烈度			
	6	7	8(0.2g)	8(0.3g)
框架结构	70	60	50	40
框架-支撑结构	110	100	85	70

高层装配式劲性柱混合梁框架结构高宽比不宜大于表 8-3 的规定。

装配式劲性柱混合梁框架结构最大适用高宽比　　　　表 8-3

结构类型	抗震设防烈度	
	6 度、7 度	8 度
框架结构	4	3
框架-支撑结构	6	5

抗震等级应根据设防类别、烈度、结构类型和房屋高度确定，并应符合相应的计算和构造措施要求。丙类建筑装配式劲性柱混合梁框架结构的抗震等级应按表 8-4 确定。接近或等于高度分界时，可结合房屋不规则程度及场地、地基条件确定抗震等级。建筑场地为 Ⅲ、Ⅳ 类时，对设计基本地震加速度为 0.15g 和 0.30g 的地区，宜分别按抗震设防烈度 8 度（0.20g）和比 8 度（0.30g）更高的抗震设防类别建筑的要求采取抗震构造措施。

丙类装配式劲性柱混合梁框架结构的抗震等级　　　　表 8-4

结构类型		设防烈度							
		6		7			8		
框架结构	高度(m)	≤24	>24	≤24	>24		≤24	>24	
	框架	四	三	三	二		二	一	
框架-支撑结构	高度(m)	≤60	>60	≤24	>24 且≤60	>60	≤24	>24 且≤60	>60
	框架	四	三	四	三	二	三	二	一
	支撑	三	三	三	二	二	二	二	一

构件及节点承载力抗震调整系数 γ_{RE} 应按表 8-5 采用；当仅考虑竖向地震作用组合时，γ_{RE} 应取 1.0。

构件及节点承载力抗震调整系数 γ_{RE} 表 8-5

正截面承载力计算		斜截面承载力计算	支撑		节点板件、连接焊缝、连接螺栓	
混合梁	劲性柱、支撑	混合梁、劲性柱	强度	稳定	强度	稳定
0.75	0.80	0.85	0.75	0.80	0.75	0.80

按弹性方法计算的风荷载或多遇地震标准值作用下的楼层层间最大位移与层高之比的限值不宜大于 1/550。

结构的平、立面布置以及支撑布置应符合现行国家标准《建筑抗震设计规范》GB 50011 的有关规定。

8.3.2 作用及作用组合

装配式劲性柱混合梁框架结构的作用及作用组合应根据国家现行标准《建筑结构荷载规范》GB 50009、《建筑抗震设计规范》GB 50011、《高层建筑混凝土结构技术规程》JGJ 3 和《混凝土结构工程施工规范》GB 50666 等确定。

预制构件在翻转、运输、吊运、安装及脱模等短暂设计状况下的施工验算，应符合国家现行标准《混凝土结构工程施工规范》GB 50666 和《装配式混凝土结构技术规程》JGJ 1 的有关规定。

劲性柱的钢管在混凝土浇筑前的轴向应力不宜大于钢管抗压强度设计值的 60%，并应满足稳定性要求。

施工阶段验算时，混凝土叠合板的施工活荷载取值应按实际情况确定，且不宜小于 1.5kN/m^2。

8.3.3 结构分析

装配式劲性柱混合梁框架结构承载力极限状态及正常使用极限状态的作用效应分析可采用弹性方法。

在结构内力与位移计算时，叠合板可假定其在自身平面内为无限刚性，混合梁的刚度可计入翼缘作用予以增大，梁刚度增大系数可根据翼缘情况近似取 1.4～1.8。

8.4 预 制 构 造

8.4.1 劲性柱

劲性柱构造应符合下列规定：

(1) 劲性柱可采用正方形钢管或圆形钢管。圆形钢管外径、正方形钢管截面边长不宜小于 200mm，壁厚不应小于 5mm。圆形钢管外径与壁厚之比、正方形钢管截面边长和壁厚之比应符合现行国家标准《钢管混凝土结构技术规范》GB 50936 的有关规定。

（2）劲性柱与混合梁连接处，柱钢管外应设置工字形钢接头并与劲性柱一体制作，柱钢管内应设置竖向加劲板，竖向加劲板宜与工字形钢接头的腹板连成整体，工字形钢接头的长度不宜小于 1.0 倍的混合梁高。工字形钢接头的上下翼缘与柱钢管外壁应采用全熔透坡口焊缝连接。

（3）钢管应外包混凝土防护层，外包混凝土宜采用细石混凝土，混凝土厚度应根据建筑物类别、耐火等级、劲性柱截面尺寸等确定，且不宜小于 50mm。外包混凝土层内应设置钢丝网片，钢丝网片的直径宜为 2～4mm，每平方米宜为 300～500 目。

（4）钢管外壁应焊接栓钉，栓钉间距不宜大于 300mm，也不宜小于 7.5 倍的栓钉直径。

8.4.2　混合梁

混合梁构造应符合下列规定：

（1）工字形钢接头埋入混凝土的长度不应小于 3 倍工字形钢接头伸出混凝土的长度，且工字形钢接头伸出混凝土的长度符合下列规定：

$$l_g \geqslant l_p/2 + 35 \tag{8-1}$$

式中：l_g——混合梁工字形钢接头伸出混凝土的长度（mm）；

　　　　l_p——连接板的长度（mm）。

（2）混合梁纵向受力钢筋与工字形钢接头翼缘焊接时宜采用双面焊（图 8-1），搭接长度不应小于钢筋直径的 5 倍，当不能进行双面焊接时，可采用单面焊，搭接长度不应小于钢筋直径的 10 倍。混合梁纵向受力钢筋与工字形钢接头翼缘的焊接焊缝宽度不应小于钢筋直径的 0.60 倍，焊接焊缝高度不应小于钢筋直径的 0.35 倍。

（3）工字形钢接头上翼缘应沿混合梁方向设置栓钉，栓钉间距不宜大于 200mm，也不宜小于 7.5 倍的栓钉直径。

（4）梁内箍筋应间隔伸出，伸出高度应为叠合板的厚度减去板顶保护层的厚度。混合梁顶部应设附加拉筋，附加拉筋末端应做成 135°弯钩，平直段长度不应小于 10 倍钢筋直径。

（5）混合梁顶面应做成凹凸差不小于 6mm 的粗糙面，粗糙面的面积不宜小于结合面的 80%。

（6）混合梁预制混凝土端面应设置键槽或粗糙面，键槽的深度不宜小于 30mm，宽度不宜小于深度的 3 倍且不宜大于深度的 10 倍，键槽间距宜等于键槽宽度；槽口距离截面边缘不宜小于 50mm，键槽端部倾斜面倾角不宜大于 30°。粗糙面的面积不宜小于结合面的 85%，粗糙面的凹凸深度不应小于 6mm。

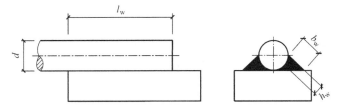

图 8-1　混合梁纵向受力钢筋与工字形钢接头搭接焊接头
d—钢筋直径；l_w—搭接长度；b_w—焊缝宽度；h_w—焊缝高度

8.4.3 其他构件

楼板宜采用预制叠合楼板。叠合楼板可根据实际情况采用预制桁架钢筋混凝土叠合板、预制带肋底板混凝土叠合板、预应力底板混凝土叠合板及混凝土空心板等叠合板等。叠合板的构造要求应符合国家现行标准《混凝土结构设计规范》GB 50010 及《装配式混凝土结构技术规程》JGJ 1 的有关规定。

外墙板宜采用外挂墙板，外挂墙板宜采用夹心保温板。外墙板的高度除顶层外不宜大于一个层高，跨度不宜大于一个柱距。

夹心保温外墙板的外叶墙板的厚度不宜小于 60mm，保温材料的厚度不宜小于 30mm，且不宜大于 100mm，内叶墙板的厚度不宜小于 100mm。

8.4.4 连接及节点

劲性柱与混合梁的连接构造应符合下列规定：

（1）劲性柱和混合梁预留的工字形钢接头腹板处应通过连接板和高强度螺栓连接，连接板应采用双板，每个连接板的厚度不宜小于工字形钢接头腹板厚度的 0.7 倍，且不应小于螺栓间距的；翼缘之间应采用全熔透坡口焊缝焊接。

（2）劲性柱与混合梁的工字形钢接头长度之和不应小于 0.16L 及 1.3h 的较大值，且应小于 0.25L，L 为相邻劲性柱钢管壁间的距离，h 为混合梁的高度。

（3）混合梁与劲性柱连接后，应在工字形钢接头处绑扎封闭箍筋，箍筋间距不应大于 100mm，箍筋直径不应小于 8mm。

主次梁刚性连接节点构造应符合下列规定：

（1）主次梁中间节点处，主梁应沿次梁轴线方向埋置工字形钢接头，钢接头伸出长度应与次梁工字形钢接头的伸出长度相等。

（2）主次梁边节点处，主梁应沿次梁轴线方向埋置工字形钢接头，钢接头伸出长度应与次梁工字形钢接头的伸出长度相等，工字形钢接头埋入部分应伸过支座中心线，且其腹板上宜打孔穿加强筋，加强筋的长度不宜小于 1500mm。

（3）工字形钢接头上翼缘应沿梁轴线方向焊接栓钉，栓钉间距应符合本 8.4.2 节的规定。

（4）主梁与次梁连接处的工字形钢接头的腹板通过连接板及高强度螺栓连接，上下翼缘采用全熔透坡口焊缝连接。

支撑与梁柱连接用销轴、螺栓、焊接等应符合现行国家标准《钢结构设计标准》GB 50017、《钢结构工程施工规范》GB 50755 等有关规定。

主次梁铰接连接节点构造应符合下列规定：

（1）主梁与次梁连接处的工字形钢接头的腹板通过连接板及高强度螺栓连接。

（2）主梁与次梁连接处的工字形钢接头翼缘间距不宜小于 10mm，且不宜大于 12mm。

叠合板与混合梁连接构造应符合下列规定：

（1）叠合板在混合梁上的支承长度不应小于 15mm。

（2）叠合板板端预留钢筋应伸过支座中心线，预留钢筋长度不应小于 150mm，且不应小于 5 倍预留钢筋直径。

（3）叠合板板端预留钢筋应与混合梁间隔伸出的箍筋绑扎连接，箍筋角部沿梁长方向应设两根直径为 12mm 的通长构造钢筋。

外墙板与劲性柱连接时，外墙板与劲性柱预留连接件的厚度不宜小于 20mm。锚板和锚筋的构造要求应符合现行国家标准《混凝土结构设计规范》GB 50010 的有关规定。

内墙板上下端插筋插入混合梁、楼板的长度不宜小于 50mm、插入内墙板的长度不宜小于 150mm。

预制楼梯与主体结构连接应符合现行行业标准《装配式混凝土结构技术规程》JGJ 1 的有关规定。

8.5 本章小结

本章给出了装配式劲性柱混合梁框架结构的设计方法，包括材料、建筑设计、结构设计、构造要求等，可为装配式劲性柱混合梁结构工程实践提供设计依据。

第 9 章　总结与展望

通过前述章节的研究和分析可知，装配式劲性柱混合梁框架结构体系技术可靠，具有较好的抗震性能，其研究成果具有一定的先进性。

9.1　本 书 总 结

本书在分析总结装配式框架结构、节点及框撑结构体系的分类和研究现状的基础上，提出了一种新型装配式结构——装配式劲性柱混合梁框架结构，书中采用试验研究、数值模拟及理论分析三者相结合的方法对该结构的节点、构件及框架的力学性能进行了深入研究，得到了此类新型结构的各项抗震性能指标，分析了应力传递机制及破坏机理，提出了梁柱节点、混合梁的实用计算方法，提出了结构设计和构造措施，主要内容如下：

（1）提出了一种新型装配式建筑结构——装配式劲性柱混合梁框架结构

介绍了装配式劲性柱混合梁框架结构的构件、节点，阐述了结构承载力系统及工作原理，为装配式劲性柱混合梁框架结构的设计和施工提供依据。

（2）进行了装配式劲性柱混合梁框架结构节点、构件及框架试验，结合有限元模拟数值分析，介绍了该结构的各项性能指标。

1）进行了梁柱节点拟静力试验，得到了节点在拟静力作用下的破坏机理，试验验证该类节点具有较好的延性和耗能性能；对梁柱节点的受力进行了理论分析，为建立梁柱节点的抗剪、抗弯承载力计算公式奠定了理论基础；通过建立梁柱节点有限元模型，确定了不同参数对梁柱节点性能的影响，为节点设计提供了数据支持和理论依据。

2）进行了混合梁的抗弯、抗剪试验，得到了混合梁的受弯和受剪破坏模式；分析了混合梁的开裂荷载、受剪承载力、受弯承载力的计算方法，为建立混合梁抗剪、抗弯承载力计算公式提供了理论基础；通过建立有限元模型，分析了混合梁的承载力的影响因素，综合梁长、工字钢接头高以及工字钢翼缘宽三个因素的影响，确定了混合梁的关键设计参数——梁工字形钢接头长度。

3）进行了一榀两层框架的拟静力试验，装配式劲性柱混合梁框架结构在低周反复荷载作用下，承载能力较强，变形能力较强，钢接头的工作性能好，框架具有较好的延性和耗能能力。框架在拟静力试验中，斜撑传递荷载给钢管混凝土柱，使得中间层的梁板受力相对复杂，中间层两端所受到的剪力较大，使得中间层先发生梁板破坏，形成梁铰机构，最终因为斜撑连接位置破坏而丧失承载力。

4）进行了 6 层装配式劲性柱混合梁框架结构的振动台试验，获得了该结构在模拟地震激励作用下的破坏形态、整体响应以及失效路径；通过有限元软件计算了结构的动力特性及动力响应，分析了支撑系统对框架抗侧移刚度的贡献。

（3）提出了梁柱节点、混合梁承载力计算公式

建立了节点抗剪承载力、节点梁端抗弯承载力、混合梁抗弯承载力、混合梁抗剪承载力的计算公式，可以为装配式劲性柱混合梁框架结构的设计提供依据；确定了结构合理刚度特征值 λ 的取值范围，介绍了结构频率、结构最大基底剪力、支撑系统分担基底剪力比例以及结构最大屋顶位移与刚度特征值之间的关系。

（4）给出了装配式劲性柱混合梁框架结构的设计方法，包括材料、建筑设计、结构设计等，可为装配式劲性柱混合梁结构工程实践提供设计依据。

9.2　发　展　展　望

装配式劲性柱混合梁框架结构具有刚度大、承载力高，在今后实际工程的应用将会日益广泛。本书的研究成果对今后装配式劲性柱混合梁框架结构的设计应用提供可靠参考价值。在本书工作的基础上，作者认为可继续深入开展的工作有以下几个方面：

（1）完善结构体系

1）本书选取的框架结构平面布置较为规整，但现有住宅结构的平面布置形式主要有塔型、板型以及塔板结合型，在平面几何形式上可能相对于矩形平面存在一些突出与收进，后续可进一步考虑不同平面布置形式对结构抗震性能的影响。

2）本书着重考察研究结构主要承力系统在地震作用下的抗震性能，在实际建筑工程中，结构中需要按使用要求增设填充墙，应在后续的研究中，进一步考虑加入填充墙对结构抗震性能的影响。

3）本书研究中发现，原先提出的支撑节点螺栓连接方式还有值得改进的地方，虽然合理设计的单颗螺栓连接节点能够保证支撑进入屈服，但是，单颗螺栓容易产生应力集中而破坏，从而应尽量避免以单颗高强螺栓形成连接节点。同时，本书介绍的支撑布置形式为单斜式，后续也可进一步研究设置 X 形、V 形以及人字形支撑的新型装配式框撑结构的抗震性能。

（2）提高结构性能

1）在地震荷载作用下结构体系中的梁柱节点受力极为复杂，外墙板对节点受力性能的影响，中间层节点与边 T 点受力性能的不同，这些应是进一步研究的问题。

2）本书节点试件在加载过程中发生了焊缝破坏现象，很大程度上降低了节点延性及承载力，影响了节点的破坏形态。所以在科研及实际工程中，一定要确保钢材焊接质量，避免焊缝破坏现象，对如何减小热影响区和残余应力的影响进行深入研究，以保证结构的可靠连接。

（3）进行标准化设计

装配式建筑标准化设计实现建筑工业化的必要条件，包括预制构件标准化设计、建筑空间标准化设计、安装施工标准化设计及装饰装修标准化设计，实现装配式建筑的快速建造。

（4）建设示范工程

建设示范工程，是完成成果转化的重要途径，发挥工程"示范"效应，推动装配式劲

性柱混合梁框架结构的应用与发展。

通过解决以上问题，装配式劲性柱混合梁结构将在体系设计、理论计算及工程实践等方面逐步完善，形成一套成熟结构体系，将在一定程度上促进我国装配建筑结构和建筑工业化的发展，但是，建筑工业化的发展不是单凭某一个地产公司、建设单位、施工企业的力量就可以做到的，我国目前在设计施工及部品生产方面仍存在很多缺陷，与发达国家相比还存在很大差距，因此，建筑工业化的发展需要政府、开发商、消费者以及建筑设计、施工、建材生产企业的共同努力，要打破常规、全面推广、快速前进，将我国的建筑工业化发展推向一个新的高度。

参考文献

[1] 韩小雷，陈晖，季静等. 穿心暗牛腿钢管混凝土柱节点的试验研究 [J]. 华南理工大学学报，1999，27 (10)：96-101.

[2] 黄襄云，周福霖，罗学海等. 钢管混凝土柱结构节点抗震性能研究 [J]. 建筑结构，2001，31 (7)：3-7.

[3] 徐姝亚，李正良，刘红军等. 装配式套筒连接 CFST 柱－RC 梁节点抗震性能 [J]. 哈尔滨工业大学学报，2016，48 (6)：124-131.

[4] Nie JG，Bai Y and Cai CS. New connection system for confined concrete columns and beams. I：Experimental study [J]. Journal of Structural Engineering，134 (12)，1787-1799.

[5] Bai Y，Nie JG and Cai CS. New connection system for confined concrete columns and beams. II：Theoretical modeling [J]. Journal of Structural Engineering，134 (12)，1800-1809.

[6] 钢框架支撑体系连续型拓扑优化设计 [J]. 工程力学，2010，27 (11)：106-112.

[7] GB 50011—2010. 建筑抗震设计规范 [S]. 北京：中国建筑工业出版社，2010.

[8] 邓秀泰，李天，李杰等. 框桁架结构抗震性能试验研究 [J]. 建筑结构学报，1996，17 (6)：2-10.

[9] 卞若宁. 框架-支撑钢结构在多遇地震作用下弹性阶段的合理刚度 [D]. 哈尔滨建筑大学硕士论文，2000.

[10] 季静，陈庆军，韩小雷. 穿心暗牛腿钢管混凝土柱节点的模型试验研究 [J]. 华南理工大学学报，2001，29 (7)：70-73.

[11] 韩小雷，贺锐波，季静. 带环板的穿心暗牛腿钢管混凝土柱节点试验研究 [J]. 工业建筑，2005，35 (11)：21-23.

[12] 季静，吴爱明，王燕珺等. 新型穿心暗牛腿钢管混凝土柱节点试验及分析 [J]. 华南理工大学学报，2008，36 (3)：114-120.

[13] 蔡健，杨春，苏恒强，等. 对穿暗牛腿式钢管混凝土柱节点试验研究 [J]. 华南理工大学学报，2000，28 (5)：105-109.

[14] 黄汉炎，闫胜魁，周展开等. 钢管混凝土柱钢筋混凝土梁节点空间受力试验研究 [J]. 1999，32 (3)：29-33.

[15] 闫胜魁，周展开，许淑芳等. 钢管混凝土柱与钢筋混凝土梁、板节点空间受力试验研究 [J]. 西北建筑工程学院学报，1999，(1)：20-25.

[16] 陈洪涛，吴时适，肖永福等. 钢管混凝土框架钢筋贯通式刚性节点的实验研究 [J]. 哈尔滨建筑大学学报，1999，32 (2)：21-25.

[17] Zhang YF，Zhao JH and Cai CS. Seismic behavior of ring beam joints between concretefilled twin steel tubes columns and reinforced concrete beam [J]. Engineering Structures，39，1-10.

[18] 李学平，吕西林. 方钢管混凝土柱外置式环梁节点的联结面抗剪研究 [J]. 同济大学学报，2002，30 (1)：11-17.

[19] 李学平，吕西林. 方钢管混凝土柱外置式环梁节点的试验及设计方法研究 [J]. 建筑结构学报，2003，24 (1)：7-13.

[20] 方小丹，李少云，陈爱军. 新型钢管混凝土柱节点的试验研究 [J]. 建筑结构学报，1999，20

(5)：2-15.

[21] 方小丹，李少云，钱稼茹，杨润强．钢管混凝土柱-环梁节点抗震性能的试验研究 [J]．2002，23 (6)：10-18.

[22] 钱稼茹，周栋梁，方小丹．钢管混凝土柱-RC 环梁节点及其应用 [J]．建筑结构，2003，33 (9)：60-61，72.

[23] 周颖，于海燕，钱江，等．钢管混凝土叠合柱节点环梁试验研究 [J]．建筑结构学报，2015，36 (2)：69-78.

[24] 吴家平，钟善桐．钢管混凝土多层框架结构梁柱刚性节点的研究 [J]．哈尔滨建筑工程学院学报，1986，(4)：1-15.

[25] 李松柏，李桢章，梁继忠．钢管混凝土柱与钢筋混凝土梁不穿心节点抗震性能试验研究 [J]．建筑结构，2009，39 (8)：27-31.

[26] 聂建国，王宇航，陶慕轩等．钢管混凝土叠合柱-钢筋混凝土梁外加强环节点抗震性能试验研究 [J]．建筑结构学报，2012，33 (7)：88-97.

[27] CECS 159：2004．矩形钢管混凝土结构技术规程 [S]．北京：中国计划出版社，2004.

[28] CECS 28：2012．钢管混凝土结构技术规程 [S]．北京：中国计划出版社，2012.

[29] 周栋梁，钱稼茹，方小丹等．环梁连接的 RC 梁-钢管混凝土柱框架试验研究 [J]．土木工程学报，2004，37 (5)：7-15.

[30] 徐嫚，高山，张力滨等．中心支撑钢框架连续倒塌动力效应分析 [J]．2013，46 (S1)：329-338.

[31] 陈昌宏，朱彦飞，姚尧等．基于位移性能的钢框架-支撑结构连续性倒塌 Pushdown 分析 [J]．2016，46 (6)：61-65.

[32] 高轩能，江媛，彭观寿等．支撑型式与钢框架结构的侧移刚度 [J]．工程力学，2010，27 (S1)：280-285.

[33] 杨俊芬，顾强，何涛等．用增量动力分析方法求解人字形中心支撑钢框架的结构影响系数和位移放大系数 (I) -方法 [J]．地震工程与工程振动，2010，30 (2)：64-71.

[34] 杨俊芬，顾强，万红等．用增量动力分析方法确定人字形中心支撑钢框架的结构影响系数和位移放大系数 (II) -算例 [J]．地震工程与工程振动，，2010，30 (3)：86-95.

[35] 王伟，周青，陈以一等．梁贯通式支撑钢框架体系的强度折减系数研究 [J]．建筑结构学报，2014，35 (1)：136-141.

[36] 张浩．支撑形式和布置对钢结构侧移及内力的影响研究 [D]．[硕士学位论文] 西安理工大学，2009.

[37] 赵亮，张爱林，刘学春等．装配式高层预应力钢框架-支撑体系性能研究 [J]．北京工业大学学报，2014，40 (8)：1248-1255.

[38] 熊二刚，张倩．中心支撑钢框架结构基于性能的塑性抗震设计 [J]．振动与冲击，2013，32 (19)：32-38.

[39] 刘学春，林娜，张爱林等．新梁柱螺栓连接节点刚度对装配式斜支撑钢框架结构受力性能影响研究 [J]．建筑结构学报，2016，37 (2)：63-72.

[40] 李慎，苏明周．基于性能的偏心支撑钢框架抗震设计方法研究 [J]．工程力学，2014，31 (10)：195-204.

[41] 芮建辉，白久林，欧进萍．考虑填充墙影响的防屈曲支撑-钢框架抗震性能分析 [J]．土木工程学报，2012，45 (S1)：278-282.

[42] 林昕，夏旭标，孙飞飞．屈曲约束支撑和普通支撑的混合布置研究 [J]．建筑钢结构进展，2010，12 (2)：57-62.

[43] 于海丰，方斌．钢框架-中心支撑双重体系抗弯框架设计方法研究 [J]．土木工程学报，2013，46

(S2)：117-123.

[44] 叶列平，程光煜，曲哲等．基于能量抗震设计方法研究及其在钢支撑框架结构中的应用［J］．2012，33（11）：36-45.

[45] 马宁，欧进萍，吴斌．基于能量平衡的梁柱刚接防屈曲支撑钢框架设计方法［J］．建筑结构学报，2012，33（6）：22-28.

[46] 杨俊芬，顾强，万红等．人字形中心支撑钢框架静力推覆试验与有限元分析［J］．西安建筑科技大学学报，2010，42（5）：656-662.

[47] 顾炉忠，高向宇，徐建伟等．防屈曲支撑混凝土框架结构抗震性能试验研究［J］．建筑结构学报，2011，32（7）：101-111.

[48] J Powell，K Clark，KC Tsai. Test of a Full Scale Concentrically Braced Frame with Multi-Story X-Bracing［J］. Structures Congress，2014，314：1-10.

[49] M. A. Youssef，H. Ghaffarzadeh，M. Nehdi. Seismic performance of RC frames with concentric internal steel bracing［J］. Engineering Structures，2007，29：1561-1568.

[50] 郭兵，刘国鹏，徐超．偏心支撑半刚接钢框架的动力特性及抗震性能试验研究［J］．建筑结构学报，2011，32（10）：90-96.

[51] CY Tsai，KC Tsai，PC Lin，et al. Seismic Design and Hybrid Tests of a Full-Scale Three- Story Concentrically Braced Frame Using In-Plane Buckling Braces［J］. Earthquake Spectra 2013，29（3）：1043-1067.

[52] T Okazaki，DGLignos，T Hikino，et al. Dynamic Response of a Chevron Concentrically Braced Frame［J］. Journal of Structural Engineering，2013，139（4）：515-525.

[53] 张文元，麦浩，于海丰．特殊铰接中心支撑框架结构振动台试验［J］．哈尔滨工业大学学报［J］．2016，48（6）：17-24.

[54] 刘建彬．防屈曲支撑及防屈曲支撑钢框架设计理论研究［D］．［硕士学位论文］．清华大学土木水利学院，2005.

[55] 王铁军．钢框架-中心支撑双重抗侧力体系的剪力分配率分析［D］．［硕士学位论文］．潘阳建筑大学．2011.

[56] JGJ 101-96. 建筑抗震试验方法规程［S］．中国建筑工业出版社，1997.

[57] 韩林海．钢管混凝土结构-理论与实践［M］．北京：科学出版社，2007.

[58] GB 50009—2012. 建筑结构荷载规范［S］．北京：中国建筑工业出版社，2012.

[59] GB 50010—2010. 混凝土结构设计规范［S］．北京：中国建筑工业出版社，2010.

[60] GB 50010—2002. 混凝土结构设计规范［S］．北京：中国建筑工业出版社，2002.

[61] S. M. Choi，S. D. Hong，Y. S. Kim. Modeling analytical moment-rotation curves of semi-rigid connections for CFT square columns and steel beams［J］. Adv Struct Eng，2006，9（5）：697-706.

[62] Nie J G，Qin K，Cai C S. Seismic behavior of connections composed of CFSSTCs and steel-concrete composite beams-finite element analysis ［J］. Journal of Constructional Steel Research，2008，64（6）：680-688.

[63] Huu-Tai Thai，Brian Uy，Mahbub Khan，Zhong Tao，Fidelis Mashiri. Numerical modelling of concrete-filled steel box columns incorporating high strength materials［J］. Journal of Constructional Steel Research，2014，(102)：256-265.

[64] Ellobody E. Numerical modelling of fibre reinforced concrete-filled stainless steel tubular columns. Thin-Walled Struct 2013，63：1-12.

[65] R. A. Hawileha，A. Rahmanb，H. Tabatabai. Nonlinear finite element analysis and modeling of a precast hybrid beam-column connection subjected to cyclic loads［J］. Applied Mathematical Model-

ling，2010，34（9）：2562-2583.

[66] Idris Bedirhanoglu, Alper Ilki, Nahit Kumbasar. Precast fiber reinforced cementitious composites for seismic retrofit of deficient rc joints-A pilot study [J]. Engineering Structures，2013，(52)：192-206.

[67] Ali A. Abbas, Sharifah M. Syed Mohsin, Demetrios M. Cotsovos. Seismic response of steel fibre reinforced concrete beam-column joints [J]. Engineering Structures，2014，(59)：261-283.

[68] 李帅．工程结构模态参数辨识与损伤识别方法研究 [D]．[博士学位论文]．重庆大学土木工程学院，2013.

[69] 朱杰江，吕西林，邹昀．上海环球金融中心模型结构振动台试验与理论分析的对比研究 [J]．土木工程学报，2005，38（10）：18-26.

[70] 吕西林，邹昀，卢文胜等．上海环球金融中心大厦结构模型振动台抗震试验 [J]．地震工程与工程振动．2004，24（3）：57-63.

[71] 邹昀，吕西林，钱江．上海环球金融中心大厦结构抗震性能研究 [J]．2006，27（6）：74-80，107.

[72] Mohammad Saranik, David Lenoir, Louis Jézéquel. Shaking table test and numerical damage behaviour analysis of a steel portal frame with bolted connections [J]. Computers and structures，2012，112-113：327-341.

[73] 黏弹性阻尼墙减震钢框架结构振动台试验研究 [J]．建筑结构学报，2015，36（12）：19-26.

[74] H Yu, W Zhang, Y Zhang, et al. Shaking table test and numerical analysis of a 1：12 scale model of a special concentrically braced steel frame with pinned connections [J]. Earthq Eng & Eng Vib，2010，9（1）：51-63.

[75] 李书进，铃木祥之．足尺木结构房屋振动台试验及数值模拟研究 [J]．土木工程学报，2010，43（12）：69-77.

[76] 韩小雷，陈学伟，郑宜等．足尺钢框架振动台试验及动力弹塑性数值模拟 [J]．地震工程与工程振动，2008，28（6）：134-141.

[77] Taucer FF, Spacone E, Filippou FC. A fiber beam-column element for seismic response analysis of reinforced concrete structures. Report No. UCB/EERC-91/17，UC Berkeley，American，1991.

[78] Spacone E, Filippou FC, Taucer FF. Fiber beam-column model for non-linear analysis of R/C frames. Part 1：Formulation. Earthquake Engineering and Structural Dynamics 1996；25（7）：711-725.

[79] Lu Xiao, LuXinzheng, Guan Hong, et al. Collapse simulation of reinforced concrete high-rise building induced by extreme earthquakes. Earthquake Engineering & Structural Dynamics. 2013；42：705-723.

[80] 马银．基于纤维模型的型钢混凝土梁柱单元理论 [M]．西安建筑科技大学，2010.

[81] 李易．RC框架结构抗连续倒塌设计方法研究 [D]．[博士学位论文]．清华大学，2011.

[82] 陆新征，张炎圣，江见鲸．基于纤维模型的钢筋混凝土框架结构爆破倒塌破坏模拟 [J]．爆破．2007，24（2）：1-6.

[83] 汪训流，陆新征，叶列平．往复荷载下钢筋混凝土柱受力性能的数值模拟 [J]．工程力学，2007，24（12）：76-81.

[84] Xinzheng Lu, Yi Li, Lieping Ye. Application of Fiber Model for Progressive Collapse Analysis of Reinforced Concrete Frames. Proc. 12th Int. Conf. on Computing in Civil and Building Engineering，Oct. 2008，Beijing，CDROM.

[85] Légeron F, Paultre, P. Uniaxial confinement model for normal and high-strength concrete columns [J]. Journal of Structural Engineering，2003，129（2）：241-252.

[86] Han LH，Yao GH，Zhao XL. Tests and calculations for hollow structural steel (HSS) stub columns filled with self-consolidating concrete (SCC). J Constr Steel Res. 2005，61（9）：1241-69.

[87] Mander JB, Priestley MJN, Park R. Theoretical stress-strain model for confined concrete. Journal of

Structural Engineering 1988；114（8）：804-1826.

[88] Esmaeily A，Xiao Y. Behavior of reinforced concrete columns under variable axial loads：analysis [J]. ACI Structural Journal，2005，102（5）：736-744.

[89] Légeron F，Paultre P，Mazar J. Damage mechanics modeling of nonlinear seismic behavior of concrete structures [J]. Journal of Structural Engineering，2005，131（6）：946-954.

[90] 郑江，葛鸿鹏，王先铁等. 局部位形约束生死单元法及其在施工力学分析中的应用 [J]. 建筑结构学报. 2012，33（8）：101-108.

[91] 郑江. 复杂刚性钢结构施工过程力学模拟及计算方法研究 [D]. 西安建筑科技大学. 2011.

[92] 陆新征，林旭川，叶列平等. 地震下高层建筑连续倒塌数值模型研究 [J]. 工程力学. 2010，27（11）：64-70.

[93] 阎东东，周忠发，苗启松. 地震作用下钢筋混凝土框架结构连续倒塌数值模拟 [J]. 土木工程学报. 2014，47（S2)：50-55.

[94] 夏桂娟. 不同火灾场景下钢结构倒塌过程研究 [D]. 安徽建筑大学. 2015.

[95] AISC 341-05. Seismic provisions of structural steel buildings [S].Chicago，AISC Committee，2005.

[96] JGJ 99—98.《高层民用建筑钢结构技术规程》[S]. 北京：中国建筑工业出版社，1998.

[97] 张来成. 设有防屈曲支撑的钢框架结构抗震优化设计 [D]. [硕士学位论文]. 青岛理工大学土木工程学院，2011.

[98] 蔡益燕. 双重体系中框架的剪力分担率 [J]. 建筑钢结构进展，2004，6（2）：60-61.

[99] MFDC-04. Reglamento de Construcciones para el Distrito Federal，Gaceta Oficial del Departamento del Distrito Federal，2004 [in Spanish].

[100] E. A. Godínez-Domínguez and A. Tena-Colunga. Nonlinear behavior of code-designed reinforced concrete concentric braced frames under lateral loading [J]. 2010，32：944-963.

[101] E. A. Godínez-Domínguez and A. Tena-Colunga. Behavior of moment resisting reinforced concrete concentric braced frames（RC-MRCBFs）in seismic zones. The 14th world conference on earthquake engineering. October 12-17，2008，Beijing，China.

[102] 于海丰，方斌. 钢框架-中心支撑双重体系抗弯框架设计方法研究 [J]. 土木工程学报，2013，46（S2)：117-123.

[103] 赵瑛. 防屈曲支撑框架设计理论研究 [D]. [硕士学位论文]. 清华大学，2009.

[104] 刘建彬. 防屈曲支撑及防屈曲支撑钢框架设计理论研究. [D]：[硕士学位论文]. 清华大学，2005.

[105] Wei Wang，Chao Zou，Yiyi Chen，et al. Seismic design of multistory tension-only concentrically braced beam-through frames aimed at uniform inter-story drift [J]. Journal of Constructional Steel Research. 2016，122：326-338.

[106] M. S. Medhekar，D. Kennedy，Displacement-based seismic design of buildings-theory，Eng. Struct. 22（3）（2000）201-209.

[107] R. Sabelli，S. Mahin，C. Chang，Seismic demands on steel braced frame buildings with buckling-restrained braces，Eng. Struct. 25（5）（2003）655-666.

[108] A. S. Tzimas，T. L. Karavasilis，N. Bazeos，D. E. Beskos，A hybrid force/displacement seismic design method for steel building frames，Eng. Struct. 56（2013）1452-1463.

[109] Q. Xue，C. Chen，Performance-based seismic design of structures：a direct displacement-based approach，Eng. Struct. 25（14）（2003）1803-1813.

[110] Anil K. Chopra. 结构动力学：理论及其在地震工程中的应用 [M]. 清华大学出版社，2005.

[111] JGJ3—2010《高层建筑混凝土结构技术规程》[S]. 北京：中国建筑工业出版社，2015.

[112] 武江传. 混凝土预制装配框架结构梁柱柔性连接初探 [J]. 安徽建筑，2011，4：159-161.